植物一氧化氮复合物在水产禽畜养殖中的抗病促长作用

姜礼燔　邢红平 等编著

海洋出版社

2018年 · 北京

图书在版编目（CIP）数据

植物一氧化氮复合物在水产禽畜养殖中的抗病促长作用/姜礼燔等编著. —北京：海洋出版社，2018. 7

ISBN 978-7-5210-0150-1

Ⅰ.①植…　Ⅱ.①姜…　Ⅲ.①氧化氮-应用-水产养殖-研究②氧化氮-应用-畜禽-饲养管理-研究　Ⅳ.①S96②S815

中国版本图书馆 CIP 数据核字（2018）第 164567 号

责任编辑：杨　明
责任印制：赵麟苏
海洋出版社　**出版发行**
http：//www. oceanpress. com. cn
北京市海淀区大慧寺路 8 号　邮编：100081
北京朝阳印刷厂有限责任公司印刷　　新华书店发行所经销
2018 年 8 月第 1 版　2018 年 8 月北京第 1 次印刷
开本：787mm×1092mm　1/16　印张：10. 25
字数：179 千字　定价：45. 00 元
发行部：62132549　邮购部：68038093　总编室：62114335
海洋版图书印、装错误可随时退换

引　　言

早在19世纪末，内科医生发现小剂量的硝化甘油对治疗胸部不适的患者有效，但作为炸药的一种原料是如何对人类健康产生作用的呢？这得从当时一位才华横溢的瑞典化学家、发明家和实业家诺贝尔（Nobel）谈起。他拥有300多项专利，其中一项是用硝化甘油作为活性成分的炸药。他建立了几家工厂，生产和销售大量的炸药。他非常清楚，液态硝化甘油受热或加压会发生爆炸，致人性命。在他工厂上班的工人，有的时常头痛，有的心绞痛，但却可得到缓解。反复验证后认为，硝化甘油是挥发性物质，接触硝化甘油气体，对扩张血管有关。1896年，他在辞世前设立了诺贝尔基金奖。

虽然用硝化甘油扩张心血管已有100多年历史，但其作用机制却不清楚。直到1983年，科学家和内科医生们对硝化甘油的探索有了新的突破。研究表明，硝化甘油进入血管后就会被转化为瞬间存在的一氧化氮（NO）气体。受一氧化氮刺激，使血管松弛和扩张，血流加快，心脏供氧增加，缓解胸痛和降低血压。这一杰出成果被授予1998年诺贝尔生理学和医学奖。以表彰他们发现和证明了"一氧化氮是心血管系统的信号分子"。通过进一步研究发现，NO既是生物的重要的免疫分子、效应分子和信使分子，又广泛分布于人类机体中。诺贝尔委员会高度肯定了NO"神奇分子"的多种功能。对研究疾病防治，新药研制，增进人类健康，创建幸福生活，都有重要意义。人们对NO进一步深入探索不断快速升温，20世纪70—80年代申请项目时还很难得到资金，那时研究NO的论文每年仅有40来篇，此后大约以每周1篇文章的速度问世。2001年开始，每年高达7 500多篇，近几年关于NO的论文数量还在飙升。一个涉及医药、生物及化学界对NO的研究和实践热潮，正在全球迅速掀起。

在探索NO对提高人类生命质量的同时，人们还将NO积极运用于畜、禽、鱼、虾、蟹、贝等生物机体中，以增强养殖对象免疫力、防病、治病，促进生长，提升养殖质量，增加养殖产量。人多地少，耕地资源短缺，是全球的普遍性问题，我国尤为严重。为保障粮食与食物安全，不断提高我国食品供给中的动物蛋白的比重，我们需要加快发展畜牧水产业。另一方面，我国人均耕地虽然不足，但占国土面积70%的山地还可以从中找出一部分发展木本作物；草地可以建设人工草场，发展畜牧业；辽阔的浅海滩涂，广袤的江河湖库，还有可供稻鱼共生的水田，都有进行水产养殖的潜力。但是，随着养殖的迅速发展，密度的逐渐增加，环境的不断恶化，病害滋生在所难免。为了发展我国的畜牧水产养殖事业，不少养殖专家和兽医药专家，正在研究应用NO，探索养殖病害防治，开展健康养殖。

在我国科技界研究NO对生物免疫抗病的性能已经历多年。本书作者姜礼燔先生在20世纪80年代初，筛选纯天然植物萃取NO前体物应用于水生动物养殖。多年来，他在江浙、两湖（湖南、湖北）、两广（广东、广西壮族自治区）、福建、四川、河南、东北等地进行实验，防病抗病促生长取得明显的效果。姜礼燔先生1956年毕业于上海水产学院（即当今的上海海洋大学），主攻水产养殖。他从事水产事业60余年来，紧密联系实际，刻苦钻研，理论基础扎实，生产经验丰富，热情为渔民和渔药厂家提供技术咨询服务。几十年的锤炼，使他在水产养殖、渔业环境保护、渔病防治技术、渔药研发等方面，是一位令人尊重的资深专家。鉴于他的杰出贡献，被授予国务院“政府特殊津贴”。

与此同时，作者还把NO进行鱼病防治的经验应用于禽病害防治。2011—2013年，姜礼燔先生从纯天然植物中研究筛选出一种新型含NO复合饲料添加剂，经3年试用累计肉鸡6万余只。原有拉稀和厌食的鸡，使用后2~3天，几乎全部恢复正常，食欲增加，羽毛紧实显现光泽。实践证明，本剂对防治禽流感、猪流感也是有效的。

随着我国经济社会的发展，居民生活水平的提高，我们特别需要建设一个强大的健康的畜牧水产养殖产业，需要建设一个保障产业稳步发展的现代化技术支撑体系。当代科学技术的飞速发展，特别是对NO研究的深入，为畜牧水产养殖产业的升级和发展带来了新的机遇。作者关于NO的新作的出版，不仅为大家传播了新的科学技术，而且也是推动我国畜牧水产升级的正能量。

一氧化氮护航，畜牧水产升级。愿我国畜牧水产业更加健康发展。

吴万夫　教授

中国水产科学研究院

自　序

一氧化氮（NO）原是一种汽车尾气，或是炸药 TNT 爆炸发出的硝烟味，但现今激起全球医药学、生物学界以及化学界对它热议及研究高潮，将它上升为“上帝粒子”地位，指令全球各系列生物界包括人类、禽畜、水产的鱼虾蟹等生老病死等所有生命活动。其实在中华两千多年前，西汉时代《黄帝内经》《神农本章经》等药典中早已全面阐述机体的经络，穴位联络五脏六腑，四肢五官，皮筋骨全网络，传输血液全身滋养润肤健康。看来传统的中医药与 NO 作用机理是一致的，正如美国药理学家 Furihgo 等（1998）认为中草药的神奇疗效很可能与 NO 作用有关。

在 20 世纪 80 年代初，笔者就已首创中药 NO 复合剂分别在人体、禽畜、水产类中抗病促长应用试验获丰硕成果，从大量实践表明应用中药 NO 复合剂较美国等五个公司化学品 NO 产品有效率高 20 多倍，即从中药 NO 剂依体重 50~100 kg/人日服 0.25~0.5 g，美国的化学品 NO 剂日服不少于 6 克，否则无效，同时服用中药的具有广谱、高效、速效及成本低等优点，三十多年来在人体、禽畜、水产类等应用均获上佳效果。

长期使用中药 NO 复合剂具有以下优点：

（1）提高产品产量、质量和鲜艳度

由于它能有效消除细胞代谢过程中连续产生有害的自由基；近年来国际医药界均公认体内自由基氧化应激过程中引发“三致”（致畸、致癌、致突变）的主要途径，也是致心脑血管病、高血糖、高血脂、高血压“三高”病，细胞角质化，养殖动物形成灰质斑块的罪魁祸首。

应用中药 NO 剂一两个月后，体内脂质降低，肌纤维内血红蛋白和血色素较对照组提高 8.2%，有光泽鲜艳的肌层和体表的鳗、鲈、鳖及虾蟹等反应更甚。

（2）抗菌、抗病毒、抗寄生虫作用

据美国学者 Gnarro 等研究认为，NO 能提高机体免疫力，有效抵御传染性细菌、病毒及寄生虫侵袭，甚至能抑制癌细胞增生（引自 Ignarro《生理学和病理生理学》）。

在江苏省肿瘤医院病案室曾用中药NO剂抗小白鼠皮癌试验成功；复旦大学生命科学院洪教授曾用遗传学DEP技术检测被激活受体细胞DNA活力，证明其活力较人工栽培的西洋参、灵芝草等高十余倍，此后被某医疗机构防护2万余病，其中11例癌症中7例有效，笔者曾80年代中期用植物中药NO治疗中华鲟肝癌等也有效果。

（3）抗流感作用

从2011—2014年笔者分别在山东济南、福建福州及江苏无锡等地用于养鱼、禽、畜的地方发现对血性病毒、H_5N_2猪流感、H_7N_9禽流感等。经用NO复合剂，效果显著。

（4）抗寄生虫作用

应用中药NOⅡ型剂内服防控鳗鱼拟指环虫有效率85%，外用还能灭除车轮虫、小瓜虫等虫害。

（5）抗辐射作用

中药NO剂能吸收放射性物质，阻止在机体内扩散辐射物质，被称天然的紫外线过滤器，能保护黑色素沉着，故常用于护肤佳品。

法国AmbaZai和瑞士IMaONsson等科学家对此剂曾分析认为，通过中药NO内服进入机体组织后，能释放一种具强活性细胞基因DNA改造修复因子——Crispr/Cak9物质，能修补长期来受人工养殖单一饲料、单调生态环境压制产生基因缺陷，使之恢复原生态风味，这就是当今国际医药界上提出的一种的生物基因改造新技术，在浙江新安江养虹鳟、广东杏坛镇养黑鱼以及福建马尾公司养草虾和广东中山县、慈溪养鳗鲡实例所证实。

中药NO剂乃是作者30多年来不懈努力首创独立研究新成果，并在英国、美国、意大利及我国台湾地区被采用，其开发前景广阔。

姜礼燔　高级工程师

中国水产科学研究院淡水渔业研究中心

目　　录

1. 产品研究与开发简况

新型中药一氧化氮 NO 前体物，是一类运用中华传统医药原理结合现代生物工程技术，从天然植物中萃取 EBOA 活性物质。由于该剂含有一氧化氮前体物、人参皂甙及多糖类等复合组成，它对鱼、虾、蟹、禽、畜等养殖动物均具有神奇的抗病促长效应，并经多年来，分别在江浙、两湖、两广、四川、豫辽吉等地一些养殖实际应用中获丰硕成果。一般情况下可提高养殖动物成活率达 85%~95%，增产率提高 9%~31%，节耗饲料 17%左右，颇受各地基层群众的好评。

从 20 世纪 80 年代初作者就开始在各地广泛调查采集研究筛选试验，最终选定以长青果（Euergeen Fruit）植物为主复合剂（简称 NBOA），其成分主要有人参皂甙（Ginsenoside）和多糖类（Saccharide）等，含量甚高分别可达 10%~15%，较吉林省长白山区域，野参或山参含量 4%要高 2~4 倍多。其实此类植株药用价值早在公元前一、二世纪我国西汉时代《神农本草经》和明李时珍《本草纲目》中就有记载了。然而时至今日人们尚未有充足的认识和开发。但随着当代先进科技的快速发展，有关研究机构应用有机营养光谱工程专项分析表明，其中尚含丰富的一氧化氮前体物 *L*-精氨酸（*L*-Arginine）和 *L*-瓜氨酸（*L*-Guanime）等名贵营养物质。从而身价倍增，这就与当今全世界闻名的荣获诺贝尔医学奖美国科学家 J. Ignarro 等（1998）首先发现新型一氧化氮免疫剂联系起来，他们已经进行的 20 多年的科学研究成果证实 NO 对人及其他动物生命具有神奇的抗病抗衰老以及灭菌灭病毒灭寄生虫作用。由此可知，本产品是拥有充足的现代科学的理论基础和依据，而且本中药 NO 成果还较美国 Ignarro 等化学品 NO 产品约早 20 年就应用了。正如美国药理学家 Furchgo 等（1998）承认，中草药的神奇疗效很可能与一氧化氮作用有关。

1.1 NO 理化性质

一氧化氮（Nitric Oxide，NO）又称亚笑气，是生物学上最简单的分子之一。化学式 NO，分子量 30，氮的化合价 $^{+2}$ 难溶于水。由于它带有不对称的电子，故其化学性质非常活泼，且有顺磁性作用。在大自然中常通过放电效应与大气中氧结合成一氧化氮。

$$N_2+O_2 \rightarrow 2NO\uparrow$$

一氧化氮与卤族元素中氟、氯、溴也易发生反应，生成卤化亚硝酰（NOX）如NOF、NOCl、NOBr等化合物，其化学方程反应式：

$$2NO+F_2 \rightarrow 2NOF$$

$$2NO+Cl_2 \rightarrow 2NOCl$$

$$2NO+Br_2 \rightarrow 2NOBr$$

在大气中NO与氧也易反应，生成红棕色气态二氧化氮。

$$2NO+O_2 \rightarrow 2NO_2$$

二氧化氮有毒，易溶于水生成硝酸，其常随雨水渗入土壤，与土中矿物物质反应形成硝酸盐，从而使土壤中获取氮肥源。有趣的是一氧化氮，原是一种汽车尾气，或是炸药TNT爆炸发出硝烟味，但现今医药学、生物学以及化学界掀起对NO热议及研究高潮，将它上升为“上帝粒子”地位，指令全球各系列生物包括人类、畜禽、水产鱼虾蟹的生、老、病、死的生命活动。其实在中国早在二三千年西汉时代前《黄帝内经》《神农本草经》等药典中，已有全面阐述机体经络、穴位联络于五脏六腑、四肢五官、皮肉筋骨网络，输血液使全身滋养健康。看来传统的中医药与NO作用机理是一致的。正如美国药理学家Furchgo等（1998）认为，中草药的神奇疗效很可能与NO作用有关。

在20世纪80年代初，作者就开始调查研究成功筛选了NO复合物，分别在人体与畜禽水产中抗病促长试验获丰硕成果，从大量实践表明，应用NO复合物较美国等五个公司NO产品，日内服有效率高20多倍，即从中药NO复合物日服量依体重50~100 kg为0.25~0.5 g，美国进口的NO依体重50~100 kg不得少于6 g，否则无效。另外用中药的能速效、广谱及成本甚低，并在人体及畜禽、水产鱼虾类等多年大量应用均予证实。

多年使用NO复合剂具有如下优点：

(1) 提高动物产品质量和鲜艳度

本剂能有效清除细胞代谢过程中连续速产生极为有害的自由基，它是致机体衰老和病害的罪魁祸首。近年来国际医药界均又公认体内自由基氧化应激的过程是引发“三致”（致畸致癌致突变）的主要之一。还致心脑血管病、高糖高脂病以及细胞角质化老化，失去养殖动物的鲜艳度，形成灰质斑块。

应用本剂一两个月后，体内脂质降低，肌纤维中血红蛋白和血色素较对照提高8.2%，故呈现有光泽的鲜艳肌层和体表，以鳗、鲈、鳖、虹鳟及草虾等为甚。

（2）抗菌抗病毒及抗寄生虫作用

英国 Ignarro 等学者认为，NO 能提高机体免疫力，有效抵御传染性细菌病毒和寄生虫的侵袭，甚至能抑制癌症的增生（Ignarro《生理学和病理生理》）。

在江苏省肿瘤医院病理室，蔡教授曾用本剂抗小白鼠皮肤癌试验成功；复旦大学生生命科学院洪教授曾用遗传学上 DEP 技术检测被激活受体细胞 DNA 活力，证明其激活力较人工栽培的西洋参、灵芝草等高十余倍，此后应用治病人数超过 2 万例，其中 11 病理癌症病有 7 例效果显著；作者应用于中华鲟癌症治疗等。

（3）抗流感作用

近年来在我国不少地区爆发 H_7N_9 禽流感、H_5N_2 猪流感以及鱼虾出血性流行病。从 2011—2014 年作者分别在山东济南、福建福州及江苏无锡等一些养殖场中仅防控肉鸡肉猪达 10 万余头，效果颇佳，据有关研究机构测定，用药后 16 h 猪体感染伤寒沙门菌或肠道病原体减少 80%，72 h 后菌毒全杀灭。

（4）抗寄生虫作用

鳗鱼拟指环虫是鱼类 200 多种单殖吸虫类最凶猛顽固的寄生虫，以往用甲苯咪唑、快螨特等药物已减效甚至无效，但应用本剂内服灭虫有效率可达 85%~95%。2013—2014 年分别在福建福清、永泰、永安、高山及顺昌等防控拟指环虫获效甚佳，本剂若复配蒿楝素外用还能杀灭车轮虫、小瓜虫等纤毛类原虫病。

（5）抗辐射作用

中药 NO 复合剂可吸收放射性物质，阻止病菌扩散，被称为天然的紫外线过滤器，此外它还能清除紫外线诱导的自由基，从而保获黑色素集体的正常功能和抑制机体组织中脂质氧化，防止色素沉着，故常被用于护肤佳品。

NO 复合剂乃是 30 多年来，不懈努力的首创独立研究成果，在英国、美国、意大利以及我国台湾地区也被试用，其开发应用前景广阔。有趣的是，在动物食饲中含有 NOCL 等卤化亚硝酰物质，就会极易被鱼、虾类外感受细胞吸引，使它们产生诱食行为。据作者多年的试验观察表明，在饲料中添入少许含有 NO 添加剂，就会迅速招来鱼虾类的摄食，若 NO 添加剂添入饲料中越多，鱼虾类越深入饲料中抢食，尽管 NO 添加剂已超常规的用量，鱼虾类不顾仍深入饲料台内摄食，其中以鲤科鱼类草鱼和青鱼为甚。其次鲹鱼、罗汉鱼、鲫鱼、鳊鱼及虾、蟹类也随之摄食。当地渔民经验，其摄食量较对照组增加15%~18%，也是一类新型的饲料诱食剂。

1.2 NO在机体内的生理反应

一氧化氮作为一种新型免疫剂，早在19世纪中期美国科学家Davy发现，此后美国学者Lgnarro、Murad和Fuchgtt通过进一步研究发现，它既是生物的重要的免疫分子、效应分子和信使分子，又广泛分布于人、畜、禽、鱼、虾、蟹、贝等生物机体中，参与多种生理生化如抗病促长及其机理效应。由于发表于美国《Science》杂志而引起众多科学家的高度关注。此后于1998年还荣获诺贝尔医学奖，从而掀起了全球医学、生物及化学界对一氧化氮的研究热潮。

NO在机体内各种生理生化过程中起着极其重要的作用，除调节人体内心脑血管系统，增加新陈代谢、调节胰岛素分泌、解除堵塞血管带来的脑梗和心肌梗塞外，还起着灭菌灭病毒灭寄生虫作用。研究探明产生NO的机制是机体内备有*L*-精氨酸进入神经组织和血管内皮平滑肌细胞中，由一种一氧化氮合成酶（Nitric Oxide Synthase，NOS）催化为多价胍基氮分子与强氧化物合成渗透性极强的小分子一氧化氮物质。它能扩张血管，舒通血液，又能溶化血栓清除血液聚积的斑块，避免血管壁形成粥样硬化；同时还加速白细胞形成，调节机体免疫系统，增加体质，提高抗病力。NO能发挥如此奇妙作用，与NOS酶的协作是分不开的，据Forstermann等研究指明，NOS酶分布全身，且有不同功能；其中一种神经型nNOS（neuronal NOS），主要分布于中枢神经系统另一种内皮型eNOS（endothelial NOS）分布于脏腑、肠道、肾组织等部位；另一种诱导性iNOS（inducible NOS）存在于单核、巨噬等淋巴系统中，担负着抵御和清除入侵炎症细胞和肿瘤细胞作用。

应当指出，为维护NO于机体内高效作用，还需持续提供足够的含钙Ca^{2+}食物。由于钙Ca^{2+}不但调节细胞内电介质平衡，而且NO效应也需一定量的钙调节素（又叫钙离子Ca^{2+}/钙调素CaM）达到0.05~0.2 μmol/L Ca^{2+}水平，积极参与NOS酶类调节效能。尤其以eNOS与iNOS两型依赖Ca^{2+}离子渗入脏腑、肠道及肾脏等组织胞浆中，参与抑杀种种病原体。

1.3 人参皂甙

人参皂甙是本产品主要的有效活性物质之一。它以高分子甙元形式构成十余种长链 Ro、R_{a1}、R_{b1}、R_{b2}、R_{b3}、R_{bc}、R_{d}、R_{c1}、R_{h2O}、R_{sio}、R_{2o}-glue-f 等有机糖萜类的高活性物质，故民间有“生物激素”“救命素”“救命丹”之称。

人参皂甙作用的机制及其效应问题，作者曾在鱼禽畜养殖中作过试验，试验结果表明内服本品含 0. 15%量拌饲连喂中华鲟病鱼 80 余天，从病鲟初期红细胞均值 4 万/mm^3 后期上升 78 万/mm^3，血小板 14 万/mm^3 上升到 22. 12 万/mm^3，血红蛋白均值 4. 5 克上升到 7. 1 克，而血淋巴细胞均值 71%降至正常值 28%，表示其免疫力增强、炎症消失。又用一种土鸡纯白鸡作组织受体和分子免疫功能试验，表明含本品 0. 05%饲料连养 20 余天，分别采其静脉血液加抗凝剂，离心后，以放射免疫法检查其淋巴 T 细胞转化率与免疫球蛋白 C（Ig）变化率，检查结果表明前者转化率较对照组提高 54. 14%，免疫球蛋白提高 120%（$P<0.05$），其中血清 ACTH 指标较对照组提高 130%，可见其已明显提高机体免疫能力。

1.4 多糖类

多糖类物质是有双向性调节机体的免疫功能，亦是近年来国际医药界上公认为免疫调节剂。从实际应用上证实它既有控制细胞分裂和分化、调节细胞生长与衰老作用，同时还能刺激机体各种免疫性细胞的成熟分化和繁殖，增加巨噬细胞非特异性的活化作用（ADDc），诱导 IL—1、IL—2 肿瘤坏死因子及干扰素等效力，从而促进抗体形成，增强机体体质及提高了免疫抗病能力。

1.5 复合药剂的协同作用

本产品主要成分有 NO 前体物、人参皂甙及多糖类等组成。它的使用量依机体体重 50~100 kg 日内服 0. 5~1 g，2~3 d 内见效；美国 Apple Day、Prono、Eejen 等医药公司生产 NO 化学药品，依体重 60~100 kg 日服量等于或大于 6 g，少于此剂量无效。

以上两种 NO 药物产品，作者均分别在人及其他鱼、虾、蟹、禽、畜等养殖动物中使用，从两种产品的使用结果表明，采用中药 NO 复合物产品性能远胜过由人工合成化学药 NO 的作用，这不单反映在水产鱼、虾、蟹等动物上，最重要的反映在人体、猪、禽等高等脊椎动物，尤其在鼠、兔，人体上效果为甚。

为何中药 NO 较人工化学合成 NO 的药效要好得多，据美国药理学家 Furchgott 等分析认为，主要由于中药复合多种有效活性组成起到相加作用，也称药物协同作用。特别表现在数种强氧化性中药组成为甚（表 1-1 和表 1-2）。

表 1-1　中药一氧化氮 NO 复合物成分

类别 成分	药名
主要物质	中药一氧化氮 NO 前体物、人参皂甙、多糖类
微量物质	天冬氨酸、丝氨酸、谷氨酸、脯氨酸、甘氨酸、丙氨酸、胱氨酸、缬氨酸、蛋氨酸、异亮氨酸、酪氨酸、苯丙酸、赖氨酸、组氨酸、精氨酸、维生素 C、维生素 E、维生素 B_{12}、维生素 B_2、有机硒、锌、钙、花青素

表 1-2　美国 Ignarn 一氧化氮前体化合物成分用量表

类别 成分	药名	用量（g/d）
主要物质	*L*-精氨酸	≥6
微量物质	*L*-瓜氨酸	0.2~1
	维生素 C	0.5
	维生素 E	0.2 国际单位
	叶酸	0.04~0.08
	α-硫辛酸	0.10

表 1-3　中药与西医 NO 服用量、药效、成本费比较表

药名	用量（g/d）	见效时间（日）	药费用（元）	备注
中药 NO 前体复合物	0.25~0.5	2~3	0.2~0.5	从美国进口 Appledoy 等公司
美国 NO 化学药物	4~6	15~20	10~15	从美国进口 Appledoy 等公司

从表1-3可见中药一氧化氮NO前体复合物较人工化学合成，产品NO具有剂效高、效速、用量少、成本低等优点，其主要原因在于天然植物中萃取多种活性成分起到协同作用，这也反映了中国传统医药的特色。据初步调查表明在中国分布含有NO前体物的植物资源丰富，品种甚多如常见的草莓、蓝莓类、紫山芋薯类、桑葚、燕麦、南瓜籽、葡萄籽、松、柏针、松花粉等均有待人们开发利用。

1.6 消除自由基

自由基会持续氧化机体内血液脂质，破坏血管系统中血管内壁平滑肌等内皮组织，从而引起人及其他动物体内脏器肿胀，破损出血，再由病菌病毒等微生物感染发生严重败血性出血病。也是当今造成鱼、虾、蟹、禽、畜类败血性出血病的重要原因之一。正如英国“自由基之父”Denham Harman教授（1995）研究指明，自由基对人及其他动物能直接诱发100多种病害，是当今人类病害的罪魁祸首。

“自由基”通常是指人及其他动物体内细胞物质基态氧（O_2）上加入一个电子（O_2^-）就成超氧化物阴离子自由基，或叫“超氧”自由基了。

在机体需氧呼吸中耗氧是正常现象，但在通过氧化应激过程中常失去一个电子成为负离子自由基，则变为颇不稳定的游离基。由于它的化学性质非常活跃，对细胞核酸分子肽、蛋白质肽、脂质等生物大分子的破坏性极强，若存积过多的自由基或清除自由基的能力减弱时，便会招至体内基因畸变、突变、癌变等种种病害。因此，必须合理调配使用NO前体物食物，使之及时地清除和控制有害自由基。据测定本产品的清除自由基能力是天然维生素E的1 000倍，黄体素200倍，花青素17倍，维生素C 1 200倍，故有“抗氧化之冠”称号。

1.7 NO复合物具有抗凝血及抗血栓功能

由于本剂含NO前体物、皂甙及多糖类均有阻止血液凝固及血栓形成作用。据有关医学部门检测分析家鱼内服本剂后凝血度、血栓形成及血小板、血浆等变化。结果表明，由原先家兔的血栓长度为13. 60±0. 87 cm，形成血栓时间为7. 43±0. 18 min，血小板黏附率为34. 35%±2. 81%、经内服本剂后血栓长度缩短约2. 20 cm、血栓形成时间延长约1 min、血小板黏附率减少约15%。另在小白鼠试验也有较相似结果，服药前凝血时间为1. 08±0. 38 min，服药后延长约 4.95±1.01 min，延长率达 319%，若加大内服药量 1 倍，或增加服药次数，则可以达到正常健康的凝血水准。

1.8 NO 复合物具有抗血糖作用

2006 年军医大学曾著“中草药治疗糖尿病”一书中表明，凡含有人参皂甙成分中草药就能增加抗体内葡萄糖激酶活性，则能促进体内糖原分解，抑制糖合成，降低肝糖元；同时还会制激胰岛素 β 细胞分泌，加强血糖水平下降。

2009—2012 年在江苏、建湖、射阳、宜兴等五个渔场应用本剂试验表明，以 0.15%药量拌饲内服 3 个月，检测鲫体内血糖量 60 mg/kg，鲢 58 mg/kg，草鱼 65 mg/kg，较对照组鱼类血糖水平低 20%~50%，试验鱼产量也较对照组鱼均产提高 15%，由于血糖与血脂是相互转化的，因而试验鱼含脂含量也相对降低。

1.9 NO 复合物具有抗肿瘤作用

众所周知，一氧化氮能透过细胞膜传递特异的生物信息，指导机体完成多种功能，包括减少血小板聚集，阻止血栓形成以及抑制肿瘤细胞增殖等（Louis J. Igmarro，《NO More Hearth Disease》，2006）。

在西南地区重庆名医林教授，曾采用人参皂甙制成活力胶囊抗 Lewis 肺癌、艾氏腹水癌（EAC）及有些白血病等颇有一定的成效，其抗癌效率可达 50%。

2009 年在江苏省肿瘤医院病理室（南京）曾选用本剂处理小白鼠皮肤癌试验，仅用 55 d 便治愈。从而转用于患有肝癌肺癌及骨癌等 11 病例中，有 7 例较佳。

2009—2012 年作者曾应用本剂治理中华鲟肝脏癌症，应用 0.15%药量拌混基础饲料中连续投喂 85 d，其治癌率达 87%，较对照组病鱼成活率提高 1 倍多。

1.10 NO 复合物具有抗辐射作用

1945 年美国用原子弹轰炸日本广岛，通过对受害群众的调查访问表明，凡是长期食用含有长青果茶水的（含有 NO 复合物），受放射性伤害则较轻，存活率也较高，这就表明长青果具有抗辐射作用。前苏联学者曾作过多次试验表明，应用长青果茶水喂养小白鼠，经 48 h 后，能取代已渗入骨髓内全部放射性 Sr^{90}，排出体外而对照组动物仍残留 Sr^{90} 放射物质。在我国天津市卫生防疫站等多家单位曾协作重复试验，结果相同。据杨贤强等学者对此作用分析认为，这是由于辐射伤害了机体膜上不饱和脂肪酸产生大量自由基的损害。故采用测试动物体内 GSH—PX 和 SOD 活性变化便可获悉。越多食长青果茶水，就能防护和恢复辐射吸收的效果越好。

1.11 NO 复合物具有提高产品质量及鲜度作用

应用 NO 复合剂的极大优点是提高产品的质量和鲜度，不仅表现在鱼、虾、蟹，而且在鸡、鸭、猪、牛等方面效果也佳。反映出养成个体健壮有力。活动力旺盛，表现有光泽鲜艳均属肌肉型品质，含肌纤维多丰满，含脂量少。其关键原因在于含高效 NO 前体物总皂甙及多糖体黄酮类物质，据分析表明能分解糖原、脂质；增强体内代谢作用，同时还增加肌纤维内的血红蛋白和血红素，其总血红素比对照组提高 8.2%，在禽、畜肌层中鲜红色反映为甚。这与非法采用化学药品“瘦肉精”有本质区别。瘦肉精实名盐酸双氯醇胺（分子式 $Cl_2H_{12}C_{12}N_2O$），商品名克伦特罗克喘素、氨心妥等，原由美国 Planipart 公司为治疗哮喘病药物，属肾脏素神经兴奋剂的激素，既不是兽药，也不是饲料添加剂，但能起瘦肉精作用被引入畜禽作瘦肉精。由于瘦肉精有毒危害健康，因此本剂可取代“瘦肉精”，其无任何毒副作用。

1.12 NO 复合物具有抗菌抗病毒抗寄生虫作用

据美国科学家 Louis J. Ignarro 等在 20 世纪 50 年代研究认为，应用 NO 提高机体免疫力能抵御传染性细菌、病毒及寄生虫的侵袭，甚至以此抑制某种癌细胞的增殖（Peking University Medical Press，2006）。据严鸿德等教授研究发现本剂含有黄铜黄烷醇类（L—EGC、L—EGCG），具有抑制伤寒、副伤寒和痢疾菌作用；同时提高用量还能抑制一种轮状病毒；又据日本专家研究发现黄烷醇物质能有效抑制艾滋病毒，其药性能高于国际上通用的治疗艾滋病药物 AZT 的作用。

2. NO复合物毒理学安全性评价

生物毒理学检测是利用活生物或有机体来检测药物有效毒性的方法，是建立在生物毒理学的基础上应用生物来鉴别药物的某些独特作用，有时为现代高分子化学分析仪器所不能胜任的，尤其在天然条件下有机生物的成分往往十分复杂，难以用单一的理化指标表示毒性程度，但通过鱼、虾、蟹、鸡、猪等动物试验能在一定程度上反映出有机混合物的实际毒性。因此作者选用鱼、小白鼠等生物作生物的急性（Acute toxicity）、亚急性（Subacute toxicity）及慢性毒性（Chronic toxicity）试验。试验前一般对选用生物先驯化 10~15 d，试验方法按 WHO1981 年规定的生物鉴定法，并定时巡视检测，摄影记录试验全过程的结果。

2.1 急性毒性试验

水产鱼、虾、蟹类动物依水生物特性，分别采用水体染毒与内服毒物两种方法，前者采用当地自来水经除氯并用联邻甲苯胺比色法检定。认为灭余氯存在后进行，水质 pH 值 6.5 ~ 7.5，总硬度 6.3 ~ 7.0，溶解氧不低于 5 mg/L，碱度 2.3~2.5 当量/L，试验期间水温 17~26℃，试验鱼采自当地渔场鱼种（表 2-1）。

表 2-1 实验鱼品种规格、习性特点表

鱼名	学名	平均体长（cm）	平均体重（g）	一般习性
白鲢	Hypophthalmichthys molitrix	3.20	0.65	表层
鲤鱼	Cyprinus Carpio	1.72	0.11	底层
鲩鱼	Ctenopharyngodon idellus	5.40	2.68	中层
泥鳅	Misgurnus anguillicaudatus	12.80	10.30	底层
鳝鱼	Monopterus albus	27.00	24.10	底层
鳗鲡	Anguilla japonica	6.00	0.20	溯河性

试验容器盛水 20 L 水族箱，试液先作探索性试验，初出 24 h、48 h 全存活与全致死浓度后，按半对数间距配制浓度，观察 24 h、48 h、96 h 记录，再

内除法求出半致死浓度或剂量值，并依 Reineya 法观察全存活 10 d，与 96 h C_{50}值和 Turubell 法求安全浓度 $= \frac{48hLc_{50} \times 0.3}{\left(\frac{24h.\ Lc_{50}}{48h.\ Lc_{50}}\right)^2}$ 公式，以诸法综合评定安全浓度（表 2-2）。

表 2-2　白鲢等 6 种鱼对 NO 复合剂 96h，Lc_{50}及安全评价

鱼名	96 h 半致死浓度值（96 h. Lc_{50}）（mg/L）	安全浓度值（mg/L）
白鲢	5 040	4 031
鲤鱼	6 100	5 803
鲩鱼	5 500	5 402
泥鳅	13 500	12 100
鳝鱼	12 500	12 380
鳗鲡	8 230	7 120

内服毒性试验采用鲢、鲤、鲩三种鱼，内服试验药量依半等对数间距计算五个剂量组：

第一组　　2 502 mg/kg
第二组　　3 402 mg/kg
第三组　　3 501 mg/kg
第四组　　4 120 mg/kg
第五组　　5 021 mg/kg

白鲢等三种内服 NO 复合剂 96 h，Lc_{50}及安全评价见表 2-3。

表 2-3　白鲢等三种内服 NO 复合剂 96 h，Lc_{50}值及安全评价

鱼名	96 h 半致死浓度值（96 h，Lc_{50}）（mg/L）	安全浓度值（mg/L）
白鲢	2 315	2 206
鲤鱼	2 521	2 361
鲩鱼	2 426	2 332

2.2 亚急性毒性试验

亚急性毒性试验是在急性毒性试验基础上设计动物存活浓度或剂量为一个月时期所观察到的毒性反应。

药物或污染物对鱼、虾、蟹等急性中毒，通常只出现在高浓度药液或污染物，而实际情况是更多受亚急性造成危害，它们反应在鱼、虾、蟹类生态、生理、生化上潜移默化的影响，致鱼、虾、蟹等逐渐丧失存活、繁殖及生存竞争能力，这些变化不易在急性早期发现和采取及时措施，因此由亚急性毒性引起的种群消亡和种群的衰退比急性毒性造成的危害更为严重。亚急性毒性试验从分子、细胞、个体、种群、群落生态系统方面对低浓度毒物反应，它可致生物细胞染色体损伤和畸变率增加，使肝脏功能失调，致呼吸系统鳃丝肿胀，柱状细胞分解与坏死，等等，因而亚急性毒性试验往往较急性毒性试验更重要。

本试验采用水体染毒法做出亚急性毒性结果是白鲢 2 121 mg/L，鲩鱼 2 215 mg/L 及鲤鱼 2 132 mg/L；对小白鼠内服法试验结果是 3 562 mg/kg。

2.3 胚胎毒性试验

胚胎毒性，乃含毒物质对动物的胚胎毒性作用，是当今用于生物学检测上一项极为敏感性遗传基因 DNA 影响，也是保护环境生态和毒理生物资源开发的重要依据。由于动物胚胎包括哺乳类、脊椎动物和非脊椎动物，如虾、蟹、贝等种类繁多，对鱼类胚胎材料具有易取，数量多，而且敏感性很高的特点；其毒性性状可以反映出胚胎死亡，胚胎发育迟缓，胚胎畸变及胚胎功能不全等四个方面，为生物毒性评价提供良好材料。

本试验选用敏感性高的半浮性鲢、鲩鱼胚胎，在它们的发育早期显露出灰蓝色和蓝绿色的胚胎色素，易于检查观察。试验容器取用盛水 500 mL 玻璃缸。每缸随意放入 20 个经受精的卵胚，水质 pH 值 6.5~7.5，水温 17~19℃，总硬度 6.3~7.0，总碱度 2.3~2.5 当量/L。试验药物选用 NO 复合剂、*L*-精氨酸、*L*-瓜氨酸谷氨酸及阳性对照组巴丹素和鱼藤素，其试验结果分别见表 2-4 和表 2-5。

表 2-4 NO 复合剂等 6 种药对鲢鱼卵胚发育影响试验

药名	浓度（mg/L）	卵胚发育期（%）				
		末胚期	原肠期	神经胚期	肌肉效应期	孵化率
NO复合剂	3 125	100	100	100	96	94
	1 231	100	100	100	96	94
	821	100	100	100	97	97
L-精氨酸	2 100	100	100	100	95	92
	1 500	100	100	100	95	95
	800	100	100	100	97	96
L-瓜氨酸	1 400	100	100	97	97	94
	1 200	100	100	98	97	96
	700	100	100	100	98	97
谷氨酸	1 500	100	100	98	96	95
	1 100	100	100	97	97	96
	900	100	100	98	97	97
巴丹素	1	100	20	0	0	0
	0. 5	100	35	0	0	0
	0. 01	100	62	15	14	0
鱼藤素	1	100	25	15	0	0
	0. 5	100	35	17	0	0
	0. 01	100	40	25	0	0
对照组	0	100	100	98	97	92

表 2-5　NO 复合剂等 6 种药对鲩鱼卵胚发育影响试验

药名 \ 发育期	浓度（mg/L）	卵胚发育期（%）				
		末胚期	原肠期	神经胚期	肌肉效应期	孵化率
NO 复合剂	3 125	100	100	97	95	94
	1 231	100	100	100	96	94
	821	100	100	100	97	97
L-精氨酸	2 100	100	100	98	95	93
	1 500	100	100	96	95	93
	800	100	100	98	97	95
L-瓜氨酸	1 400	100	100	97	96	94
	1 200	100	100	97	97	96
	700	100	100	97	97	96
谷氨酸	1 500	100	100	96	95	95
	1 100	100	100	97	96	96
	900	100	100	97	97	97
巴豆素	1	100	15	0	0	0
	0. 5	100	30	0	0	0
	0. 01	100	35	0	0	0
鱼藤素	1	100	25	25	0	0
	0. 5	100	30	30	0	0
	0. 01	100	40	35	0	0
对照组	0	100	100	98	97	91

畸形鲢鱼苗见图 2–1。A~F 鱼胚胎发育期受巴豆素影响见图 2–2。

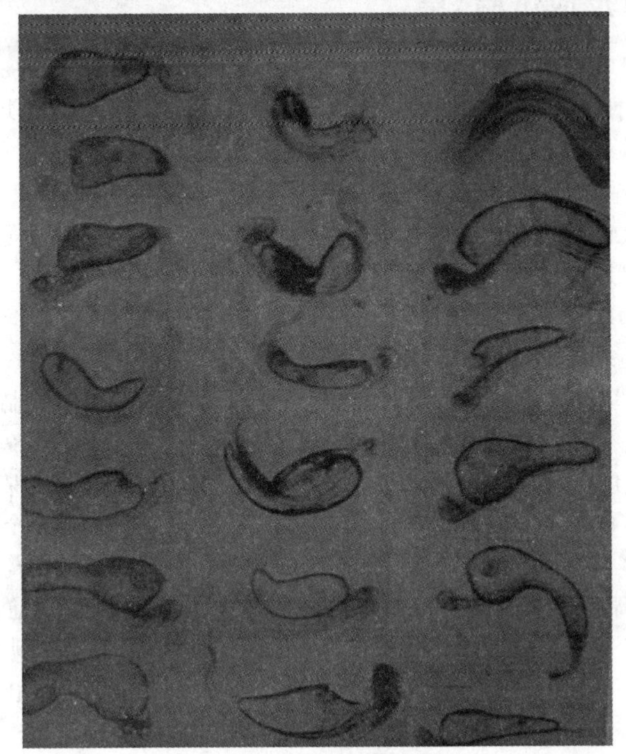

图 2–1　畸形鲢鱼图片

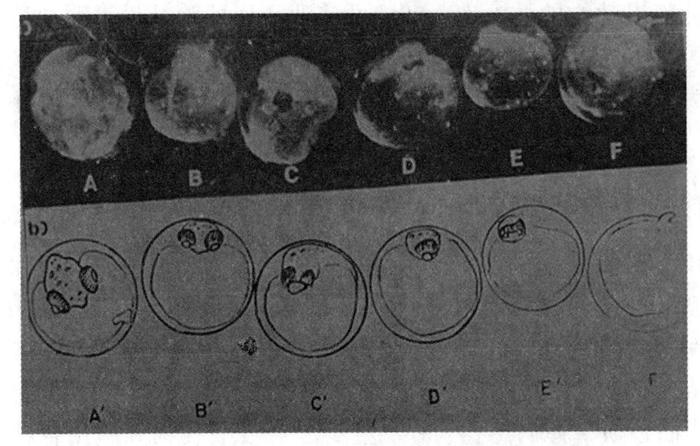

图 2–2　A~F 鱼胚胎发育期受巴豆素影响照片

2.4 诱食反应试验

在鱼、虾、蟹的饲料中加入NO复合剂按饲料0.15%~0.2%内服，通常饲养7~10 d便能发现这种饲料很快被抢食完，尤其以草鱼、虾类的抢食最为明显。据江苏省宜兴、吴江、兴化等一些渔民反应，这种混合饲料能增加鱼虾蟹食量1/5~1/2，食场上未见剩余残饲，它既能避免残饲沉积于池底腐烂，污染水质，又能促进鱼虾生长提高产量。那么鱼、虾、蟹类为何喜食或抢食这种饲料？又以何种方法来监测其诱食行为呢？

1998—2012年在江苏省射阳、丹阳及无锡等一些渔场或水产站曾设计应用一种新型鱼虾类的诱食槽装置，专用来监测它们的诱食行为。

“诱食槽”全名“诱食行为监测槽”，全槽是采用有机玻璃制成，整体结构分三部：①供水和供液（饲料溶入水中溶液）部分：盛液器8只，各盛40 L以上不同浓度的溶液。包括对照的清水。它们均通过缓压，保持流量。总流量控制在4 000~6 000 mL/min；②槽体部分：整个槽体由8个环形支槽组成。总槽体直径为1.5 m，高度20~30 cm。每个环形支槽长度与整个槽长之比为1∶3，高度15~25 cm。8个支槽分别用皮管或塑料管联通供水，汇合于中心的混合区，于混合区中心的出水口，经皮管作排水道排出槽外。混合区上安装一个圆形闸，可以升降，试验溶液的高程则由排出管调整；③自控部分：安装于总槽体下面，结构由计时机连接杠杆装置，由线路联通圆形闸，试验时可定时发出警报，降低圆形闸。或可安装时间继电器，通过电磁铁接定时控制圆形闸的升降及自动记录鱼、虾、蟹等进出总尾（只）数；然后计算出动物的诱食率，99%可信度。从试验结果表明，诱食率最强的为NO复合剂，诱食率达98%，其次*L*-精氨酸、*L*-瓜氨酸及谷氨酸，诱食率分别为45%~96%，再次为麦片饲组和对照组为30%与零值（图2-3和图2-4）。

2.5 鱼类回避试验

鱼、虾、蟹等水生动物对水体中含有某些药物非常敏感，例如：太湖中鲌、鲹、银鱼能辨别农药六甲苯与硫酸铜的最低浓度分别达0.01~50.001 mg/L，一种鳡鱼辨别糖精的界限低于人类界限的512倍，但对本剂的NBOA与有效氯浓度达到-4 mg/L还有很大的招引能力，这对人工饲养有很大的助益。因而我们必须掌握洞悉鱼、虾、蟹类，对投喂食物和施用各种肥料药物的反应能力是吸引还是回避或逃避？故须试验了解这种回避反应机制及实验

图 2-3　鱼类诱食槽试验

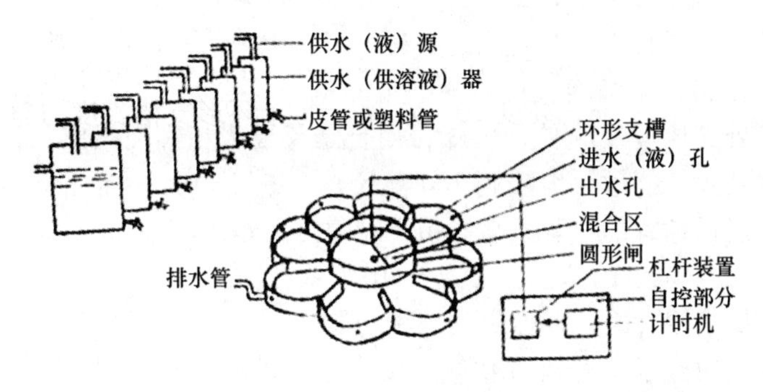

图 2-4　鱼类诱食槽示意图

装置。

（1）鱼类回避反应的机制及实验装置

工业废水及含毒物质引起鱼类的回避，是对外界刺激的一种保护性反应，这种反应很敏感，使鱼类产生回避反应的化学物质，有时为现代化学分析仪器所不能胜任。尤其在自然条件下，水污染的成分往往十分复杂，难以用单一的理化指标所能表示其污染程度，但通过鱼类试验能够在一定程度上反映出水体的混合污染状况和污染实际毒性。例如，一种墨鼻鱼能够对含总氯 0. 13 mg/L，氯胺 0. 18 mg/L 及游离氯 0. 61 mg/L 的混合污水产生明显的趋避反应。一种虹鳟鱼苗，对农药混二甲苯与硫酸铜的最低回避分别达到 0. 01 mg/L 与 0. 000 1 mg/L。一种鲅鱼，可以辨别 4×10^{-5} g 分子浓度的氯化钠及 2×10^{-5} g 分子浓度的糖精，它辨别糖精的界限低于人类辨别界限的 512 倍，盐界限的 184 倍。因而，人们常利用鱼的这种特性，设计控制不同浓度的污染区、非污染区（清水区）及污染混合区（污水和清水混合区）的模拟设施，借以鉴定鱼类或其他水生物对污染物的回避能力及其回避的最低浓度（也称回避阀值），来判定水域污染状况和工业废水处理的程度，以及制定渔业用水的水质标准，均将有实用价值。

近年来，国内外许多学者十分重视这方面的研究，但多数重于实验应用方面。本文则根据作者多年来有关方面的一些研究体会，并参考有关文献，就鱼类回避反应机制、回避的实验装置及回避实验注意的几个问题等简述如下：

水污染引起鱼类的回避反应，是通过嗅觉、味觉、视觉、侧线及其他感受器的生化、生理等变化而实现的。

鱼类的嗅觉器官是感受水域中化学成分、食物以及由于其他鱼类皮肤分泌的黏液等能引起的化学刺激，也是引起鱼类行为反应的重要器官之一。

鱼类的嗅觉器官为一对内陷的嗅囊组织，由一些多褶的嗅觉上皮所组成。嗅觉上皮分化成感觉细胞。在这些细胞的基部，分布有大量的神经末梢，它们专门鉴别外界环境发的种种气味，而且嗅感极为精细而敏感。例如属于板鳃类的一种鲨鱼，能敏锐地嗅到 100 英尺（1 英尺 = 0. 304 8 m）以外的一滴血的气味，经过训练的一种阔鼻鳚鱼，能嗅辨出 6×10^{-4} mg/L 浓度的丁子香酚或 43×10^{-9} mg/L 浓度的苯基乙醇或 5×10^{-4} mg/L 浓度的 β-氯酚。若切断鱼类的嗅神经或摘去嗅叶时，便会丧失这种功能。

有些重金属离子及有机毒物触及嗅觉上皮的感觉细胞时，损坏的嗅觉上皮会出现肿胀，淋巴液外渗，最后失去嗅觉作用。

味蕾是嗅觉感受器，广泛分布于鱼类的口腔、髯及体表等部位，形状呈椭圆形，由一些感觉细胞汇合而成的，分别由Ⅴ、Ⅶ、Ⅻ、Ⅹ对脑神经支配。对水中有些金属离子（如汞、铜、锌、铅等）具有很高的敏感性，导致鱼类产生回避行为。然而，运用现代电子生理学实验清楚表明，鱼类的味蕾细胞对水中汞、铜等金属离子的忍受限度很低。含汞量若达到 10^{-4} mol/L 时，仅过 3 min 味蕾细胞便遭受渗透，10 min 味蕾萎缩、变质，15 min 已受到残伤，而且残伤的碎片被逐出，显示出创伤，失去味觉能力。铜、锌含量分别达到 10^{-4} mol/L 及 10^{-3} mol/L 时，还损坏鱼的表皮细胞和黏液细胞。并经实验证明：对味觉感觉器产生影响的顺序是汞、铜、锌、铅。

重金属毒物除对味觉、嗅觉等感受器的损害之外，还能在几分钟之内进入体细胞和血液循环系统，破坏体内渗透压的平衡，破坏血液及组织内蛋白质胶体系统，进而抑制了各种酶活性。至于对无鳞类（鳝鱼等）的致毒机制，先是刺激上皮细胞分泌大量的黏液，进而与黏液腺中的蛋白质相结合形成不溶性的复合体，破坏了细胞的分泌能力，影响嗅觉、味觉以及其他感受器的功能。

鲤种鱼类侧线较发达，鳞类侧线鳞有小孔与外界相通，每一鳞片内埋一短管，在基区开口于外表面，它对水流的感觉极为敏感。侧线管内充满了黏液，是为侧线管感觉器即浸润在黏液里，重金属离子可以从侧线孔进入体躯使侧线内的黏液凝集，因此重金属离子侵袭侧线可以使鱼类引起回避。

1968 年 Anderson 研究证明，侧线对 DDT 也有很强的反应。1969 年 Hansen 利用一条鱼的实验表明，它对 DDT 异狄氏剂、二秦农及 2，4-D 等杀虫剂有明显的回避行为，回避浓度都在 24 h 半致死浓度值以下，而对马拉硫磷和西维因两种杀虫剂则未见作用。可见，对杀虫剂的反应还具明显的特异性。

另外，由于水中缺氧，二氧化碳含量增加以及由于其他因素（pH，盐分等）的变化，引起鱼类生理上的反应，也可迫使鱼类发生回避。据观察表明：红鲤在溶氧量 4 mg/L 时，游动反应正常，溶氧量降至 3 mg/L 以下，则显示出不安并寻求逃逸，甚至有时跃离水面。

从以上鱼类实验看来，鱼类对各种污染因子有种种回避反应。一种为鱼类对污染因子的回避反应迅速，很少有迂回游动，可能属于本能的反应，另一种为鱼类通过污染区和非污染区（清水区）的反复接触，从接触中迅速获得回避污染区的能力。鲢、鳙鱼类对砷、铬等离子的反应就属于这一类。另一种黑鼻鱼，开始对低浓度的游离氯，有明显的趋避反应，但不久就适应于这种水域。可见，鱼类的化学感受器也具有一定的适应性。

鱼类的回避反应，是一种生理效应。生活环境中，只要外界物质对鱼类某一感官引避刺激，就足以导致鱼类产生趋避行为。但是，有的鱼类种群由于长期接触非致死浓度等种种污染物质而产生抗药性。并认为鱼类一旦具备抗药力，即使在无污染的水域中也可以遗传给后代，所以看来污染后的致毒因子还能对核糖、核酸产生影响，这是值得重视的一个生理现象。

（2）回避的实验装置

鱼类回避实验装置，是完成回避实验的基本工具。但目前国内外所用的装置种类很多，形式不一，且各具特色。同时，随着现代科学事业的发展，对这类装置的设计也不断革新和渐趋完善。现就几种主要的装置类型介绍如下。

①管道型回避装置

由 Jones（1947）设计的一种管道型鱼类回避装置。近年来国内外仍有一些单位效仿采用。这种装置主要是用四个或至少两个底口瓶作为供水和供试验的来源（图 2-5）。底口瓶下面设有开关的水管、连接直径 6~8 cm 的鱼类回避反应管，反应管内分别由底口瓶供应试验用水或溶液。同时，由闭塞的反应管两头内伸入细玻璃管至反应管中间，作为管内试验的排出管。

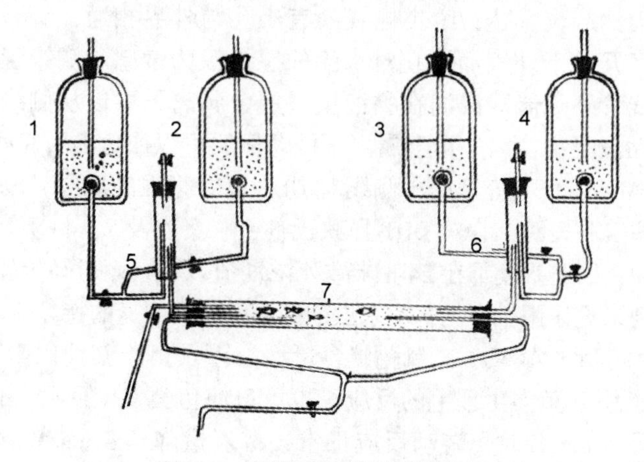

图 2-5　管道型鱼类回避槽装置

1、2、3、4. 底口瓶；5、6. 除泡装置；7. 回避反应玻璃管

由于两方液压相等，于中间形成明显的试验液与试验清水垂直分界线。如反应管内产生气泡，可由通外皮管排放。试验前放入 1~5 尾鱼类，先放入清水使之驯化，然后放入试验溶液。试验数据以秒表掌握时间，每隔 30 s 记录一次鱼在反应管中的位置，记在一种特制的回避反应图上，根据反应图上曲线的分布，求出鱼类回避反应的浓度。本装置的优点为鱼类反应的敏感性高，效果好，但操作不便，不能适应实验需要。

②分叉型回避槽装置

由 Hoglund Astan（1973）、wildish Akagi pool 等（1977）采用“Y”形鱼类回避槽装置。近年来国内也有一些单位采用，这种装置分左右两个回避槽连接于混合区而构成（图 2-6）。左右两个回避槽联通供水和供试验液的开关，打开开关时，流入溶液与清水，于混合区处汇合排出。因为混合区中心装有一定高度的出水管。混合液流至一定高度，则由排水管内溢出。实验时，先放入一定数量的鱼类，经过驯化，然后打开清水和溶液，观察鱼类进入左槽或右槽的数量及停留时间，每个试验浓度重复实验 10~13 次，至少不少于 4 次。最后算出回避的平均浓度，得出回避率。

③江河型回避槽

由 Stott Buckeey（1978）根据分叉型实验槽及模拟江河式样设计的。他们

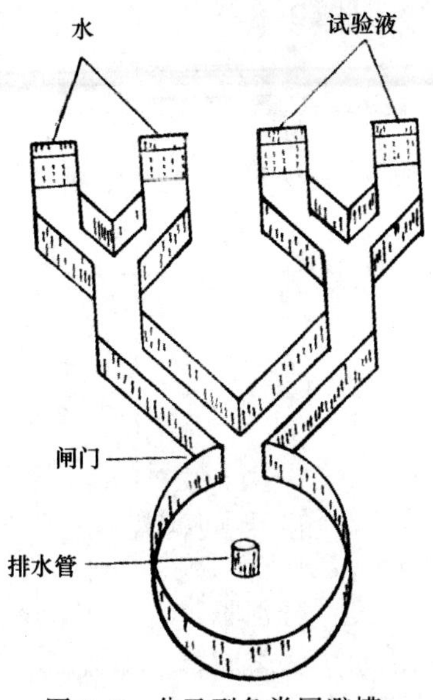

图 2-6　分叉型鱼类回避槽

把这种实验槽还要用于鱼类的回归行为及对低浓度溶氧或含酚水的回避实验。我国湖南医学院设计的分子叉型装置见图 2-7。

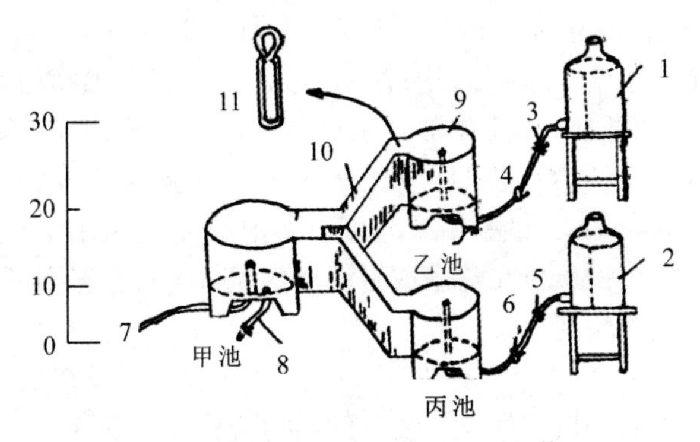

图 2-7　湖南医学院设计的分子叉型鱼装置

1、2. 供水瓶；3、4、5、6. 中间径夹；7. 溢槽；8. 排污管；9. 进水管；10. “Y” 形管；11. 闸门

这种回避槽由 20 个水族箱组成。每个水族箱规格为 60 cm×38 cm×30 cm。彼此用 11 cm 长、16 cm 直径的管子经一个 120 cm×38 cm×30 cm 的水族箱而

结合成两条支流（T及T）见图2-8。

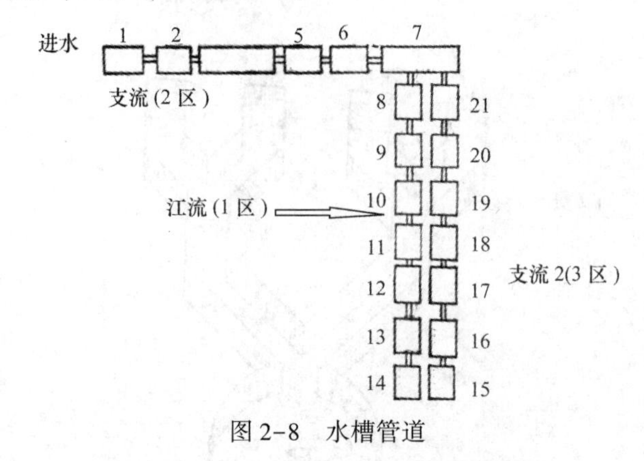

图2-8　水槽管道

实验时可用三种不同鱼类，分别驱赶在1号、14号及15号水族箱内，再经过氮气去除其他水族箱内水中的溶解氧，使成低氧、缺氧或放入含酚水体，然后放出1号、14号及15号水族箱内鱼类，观察记录鱼类对不同溶解氧或含酚水体的行为反应情况。

④TL-81型鱼类回避槽

本装置（图2-9）可用有机玻璃或轻毒塑料制成。全长1 m左右，高18 cm宽22 cm，内分四个支槽，长度均为40 cm左右，每支槽前端通入一通水管，共4个通水管。进水后均过一弧形带孔挡板、水闸门及混合区。在混合区与排水区之间隔一带孔弧形挡板。若有两个槽连用时，则用一个带孔小挡板，并插入一个活板；若四个支槽连用时，就取去活板，在排水区安装一排水管，高度6~8 cm，试验结束时可取支排水管，使槽内积水泄尽。试验结果的计算，按记录试验鱼在清水或溶液槽内尾数的百分率则可。

⑤环形回避槽装置

1977年我们自行设计一种PT型鱼类回避槽，并经初试，具有提高功效及自动定时、发出警报等优点。装置的结构可分为三部分。a. 供水供液部分。由盛水域盛液器盛满所需的必用试验液。通过缓压保证恒量。b. 槽体部分。有8个环形支槽连接，汇合于中心槽的溶液混合区。每个支槽由皮管接通供液器，溶液于混合区中心出水口，经皮管排水道排出。混合区上方安装圆形闸，可以升降。实验溶液高度，由排水道调整。c. 自控部分。由计时机连接杠杆装置，定时控制警报及降下圆形闸。或可安装时间继电器，通过电磁衔接按装置，定时控制圆形闸的升降。

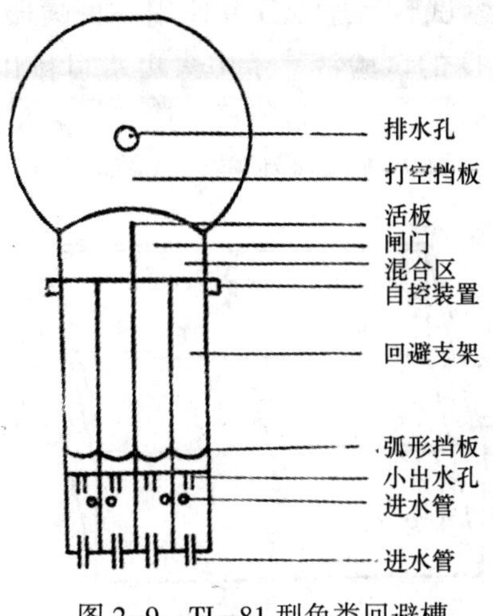

图 2-9 TL-81 型鱼类回避槽

实验方法分三程序：a. 预备期。按实验所需配备溶液，贮备于各供液器内。用皮管接通各支槽，调整溶液深度，检查自控警报和提升圆形闸至实验液所需高程，然后放入实验鱼及清水，使之驯化适应。b. 试验期。扭开各贮备液开关，掌握流量使之各溶液（包括清水）进入支槽，然后汇合于混合区，通过排水管而排出槽外。一次试验期依照鱼品种，规格保持 40 min 或 1 h 结束。c. 计算期。按照预定实验期，自动降下圆形闸，记录各环形支槽内鱼类存留数量，计算不同浓度内鱼类回避百分率或回避指数。

1981 年，我们在 PT-1 型的基础上，加以改进制成 PT-2 型鱼类回避槽，该槽由原来 8 个支槽增至 10 个支槽，并连接恒流装置，增加带孔挡板及改进自控装置，比原来 PT-1 型水流稳定及增加试验效能，见图 2-10。

图 2-10 PT-2 型鱼类回避槽

美国西部鱼类毒理学试验站还设计并使用一种圆形回避槽，槽内用隔板分开，每隔流入不同浓度的试验液，于中央出水口排出，鱼类放入槽中央，视其选择浓度反应，并通过自动摄影装置，连续摄影记录，计算回避值。此外还有盒式鱼类回避槽（图 2-11）等型式。

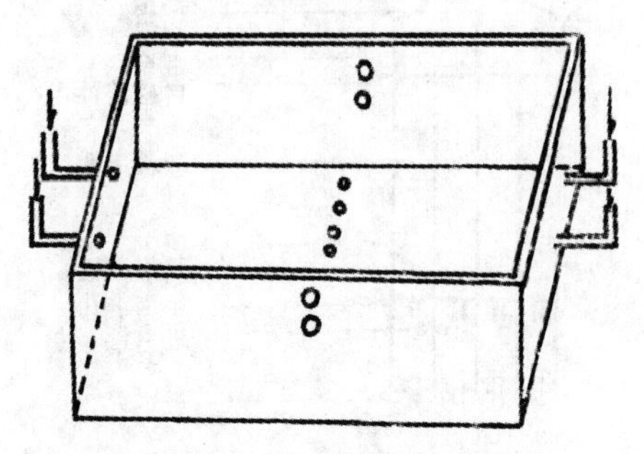

图 2-11　盒式鱼类回避槽

⑥实验注意几个问题

a. 预先求出半数忍受限（Tlm）

根据实验表明：许多污染物的回避阀限值均较半数致死浓度低。例如巴丹、硫酸铜，对白鲢鱼种的回避阀限仅为半数致死浓度的 1/5。DDT、异狄氏剂、二秦农、2，4-D 及甲氧嘧啶等农药的回避值比较低若污染物的回避值高于致死浓度时，便极易引起鱼类的死亡。为此在回避实验之前，一般均需先作 24 h、48 h、96 h 的半数忍受限（Tlm）或半数致死浓度 Lcso，便于选定回避实验的浓度和毒性程度的比较。

b. 注意实验的环境条件

实验前均须彻底清洗贮备液器等装置；实验周围需用黑布遮盖，内安电灯，以免光照下影响实验效果。此外，每次实验供液与供水位置必须对应，消除实验误差。

c. 实验评价

在江河、湖、海等天然实验中，由于受到农药及其他工业废水的污染，不仅会引起鱼类的中毒死亡，而且还迫使鱼类种群的迅速回避，减少鱼类的栖息密度及切断回游路线，影响渔业生产。因此，为了鲜鱼类对不同工业废水及其含毒物的回避力，必须选择敏感性较强的鱼类，作为检测污染的实际毒性，为防止水体污染与保护鱼类资源提供依据及全面评价。

⑦实例介绍

a. 鱼类对几种常用药物的回避反应

在天然水域中，由于受到工业废水及其他有毒物的污染，不仅可造成鱼类的中毒致死，并且还迫使鱼类种群的迅速回避，减少鱼类的栖息密度及切断洄游路线，影响渔业生产。

因此，为了解鱼类对不同的回避力，特选择以敏感性较强的白鲢和忍耐性较强的鲫鱼为代表，分别做了几种常见的污染物的回避效应试验以及得出鱼类的回避值，为防治渔业水域污染及修订工业废水排放标准和渔业水质标准提供一些依据。

b. 材料与方法

ⓐ试验设备

本试验的回避槽装制采用有机玻璃制成的 TL-81 型鱼类回避槽，槽全长 120 cm，高 18 cm，宽 22 cm，在槽的前端分割制成四个恒流小槽，小槽内装有进水、排水及溢水管三支。通过垂直的溢水管能保持一定的水位，可维持恒定的流量，槽体本身分四个回避支槽，每支槽全长 44 cm，宽 5 cm，每支槽均装有前带孔挡水板及后带孔大挡水板，槽的后部是圆形的排液管，清水和试液以平均每分钟 1 628 mL 的流量通过排液管排出槽外，排液管由圆形有机玻璃制成，可保持液面 6 cm 左右。

ⓑ试验条件

试验鱼来源于自行培养的鱼种，鲫鱼平均体长 7. 5 cm，平均体重 8. 5 g，白鲢平均体长 4. 81 cm，平均体重 0. 79 g，试验前在室内驯养 7 d 以上，驯养期间每天投喂饼粉，并更换新水以供应充足的氧气维持鱼的正常生活，试验前一天停止喂食，以防止鱼的排泄物影响试验的浓度。

试验用水采用未经余氯处理的自来水，水质 pH 值 6. 5~7. 5，总硬度 6~7. 0，碱度 2. 3~3 mL/L，水温 15~20℃。

10 种试验的污染采用化学试剂的硫酸亚铁（$FeSO_4$），氯化钡（BaCl），氯化钠（NaCl），重铬酸钾（K_2CrO_7），硫酸镉（$CdSP_4$），硫酸锌（$ZnSO_4$），三氯化二砷（As_2O_3），苯酚（$C_6H_{11}O$），硫酸锰（MnSO），亚硝酸钠（$NaNO_3$）试验时均按有效浓度计算。

ⓒ试验做法

先作鱼类的毒性探索试验，得出 24 h 内全存活与全致死浓度，按等对数距离配制浓度做出 24 h TLm 值，然后以 TLm 值作为配备回避实验所取得的浓度依据。

回避试验浓度先配备储液，试验时经稀释于可盛 40 L 的搪瓷桶内，并盛同样体积清水的搪瓷桶为对照浓度，然后调节流量，以保持每分钟流量为 1 800 mL左右为宜。

试验前放鱼 10 尾于回避槽内驯化，使之适应清水的环境条件，然后扭开开关，流入试验液，观察 10 min、15 min、20 min、25 min、35 min 内鱼进入清水槽或试验溶液槽内的尾数。

通过观察表明，以试验 20 min 为适宜的试验期，每个浓度一般试验 8～12 次，但最少不低于 4 次，每一次试验期都必须交换左右槽内的试验液及放入新的试验鱼，每次试验期结束都必须用清水彻底冲洗回避槽，防止受毒液污染，影响试验结果。

经试验过的鱼，均分别移养盛清水的容器内，观察其存活、游动等，是否出现迟发性的中毒症状。

ⓓ试验结果的数据处理

记录每个试验浓度鱼进入清水槽及试验溶液槽内的总尾数及分别进入清水槽和试液槽的尾数，算出鱼类的回避率。

$$计算回避率方法 = \frac{E - A}{T} \times 100$$

式中：E——进入清水槽内鱼的尾数；

A——进入试验液槽内鱼的尾数；

T——进入清水槽于污水（试液）槽鱼的总尾数。

由以上计算结果表明，当鱼完全进入清水槽时，回避指数为 100，鱼完全进入试液槽时，回避指数为 -100，鱼既不进入清水槽，也不进入试液槽时，回避指数为 0。

c. 试验结果

ⓐ急性中毒的试验结果（表 2-6）

表 2-6　五种污染物对鱼急性中毒的试验结果

鱼品种	污染物	平均忍受限（TLm 值）		
		24 h	48 h	96 h
白鲢	重铬酸钾	81. 20	64. 4	60. 25
	硫酸镉	4. 15	3. 56	2. 77
	硫酸锌	3. 10	2. 00	2. 00
	三氧化二砷	17. 24	12. 75	11. 46
	苯酚	31. 25	22. 50	16. 40

ⓑ鲫鱼对氯化钡等五种污染物回避反应

鲫鱼对氯化钠、硫酸锰的反应较敏感，它们浓度在 0.61 mg/L 和 1.4 mg/L 时，回避指数分别在 12.0±8.2 和 11.75±8.5，氯化钠浓度上升到 1.2 mg/L 时，回避指数增加到 22.5±16.56，硫酸锰浓度增加到 7.26 mg/L 时，回避指数增加到 45±26.96。然而，对硫酸亚铁、亚硝酸钠及氯化钡的反应比较弱，它们浓度高达 7.2 mg/L、26.88 mg/L 及 13.3 mg/L 时，指数分别为 74.17±18.3、38.17±24.61 及 59.7±24.66。由所得五种回避指数，分别用相应浓度之间应用线性回归，表示存在明显的回归关系。由表 2-7 看出氯化钠的相关系数 r=0.972，线性关系显著。亚硝酸钠、硫酸亚铁、氯化钡及硫酸锰的相关系数 r 分别为 0.993、0.995、0.81 及 0.8 均接近 1，表示线性显著和紧密相关。同时，依照方程式可以推导出它们的回避阈值、半回避值及全回避值。

表 2-7　鲫鱼对氯化钡等五种污染物回避试验结果

污染物品种	浓度	回避指数（回避率）	回归方程式	相关系数 r	回避值（mg/L）		
					阈值	半回避	全回避
氯化钡	26.88 21.44 13.40	59.7±24.66 55.55±47.1 19.9±16.4	$\overline{Y}=-0.665+2.22x$ $\overline{Y'}=-37.1+2.22x$ $\overline{Y''}=35.7+2.22x$	0.81	1.5	23	45
硫酸亚铁	7.2 5.72 2.7	74.17±18.3 55.55±47.1 -10.5±7.1	$\overline{Y}=-61.12+19.39x$ $\overline{Y'}=-72+19.36x$ $\overline{Y''}=-49.32+19.36x$	0.995	6	11	16
氯化钠	1.2 0.61 0.30	22.5±16.55 12.0±8.2 -5.5±5.5	$\overline{Y}=-19.79+30.7x$ $\overline{Y'}=-24.25+30.7x$ $\overline{Y''}=-10.13+30.7x$	0.972	6	2.4	5.4
硫酸锰	7.28 3.6 1.4	45±26.8 15.25±5.8 11.75±8.5	$\overline{Y}=-17.34+6.7x$ $\overline{Y'}=-59.6+6.7x$ $\overline{Y''}=-4.92+6.7x$	0.8	24	11	17.8
亚硝酸钠	13.3 10 3.3	38.17±24.11 26.0±21.0 -14±9.5	$\overline{Y}=-31.2+5.32x$ $\overline{Y'}=-39.86+5.32x$ $\overline{Y''}=-22.5+5.32x$	0.993	57	14.3	24.8

ⓒ白鲢对重铬酸钾等五种污染回避反应的试验结果

从试验结果看出白鲢对这五种较敏感的为硫酸锌，在 2 mg/L 浓度时回避指数为 100%，1 mg/L 浓度时为 60%，其次为硫酸铬、三氧化二砷，最次为重铬酸钾与苯酚（表 2-8）。

表 2-8　白鲢对重铬酸钾等五种污染物回避试验结果

污染物品种	浓度（mg/L）	回避指数（%）	试验后鱼的反应情况
重铬酸钾	100	50.0	未出现死鱼
	50	11.4	〃　〃
	20	-82.8	〃　〃
硫酸铬	20	100	发生死鱼一尾
	15	93.3	〃　〃
	1	0	〃　〃
硫酸锌	2	100	未见死鱼
	1	60	〃　〃
	0.5	-33.3	〃　〃
三氧化二砷	20	75	发生死鱼
	15	66.6	未见死鱼
	10	33.3	〃　〃
苯酚	25	-100	发生昏迷
	10	-60	〃　〃
	5	14.2	未见昏迷

⑧初步讨论

1947—1948 年 Jones 设计由四个供水瓶连接长圆形玻璃管的鱼类回避反应装置，对鱼类的回避反应效果良好，但由于装置本身结构不严，操作极不便利，Hanson 等设计一种“Y”形的回避反应槽，则弥补这个不足，但本装置是用有机玻璃制成，既配备有恒流装置，可维持一定的流量，又增配四个时避支槽及自动定用装置，结构简易，排水方便，易于推广。

从实验结果来看，鱼类对不同毒物的回避反应有较大的差异，白鲢对锌离子的回避阈限在 1 mg/L 以下，但对铬+6 价及铬的回避反应则较弱，尤其对苯酚却未见回避反应，看来白鲢、草鱼、鲫鱼等对芳香性烃类衍生物 C_6H_5OH 还似乎有趋向性的表现。1979 年 STOTT、Buckle 应用鳡鱼对苯酚的回避实验表明，在含酚水中鱼呈失常情况下仍未见趋避现象，WiLler 发现水中含酚量已高至 400 mg/L 时仍见其游入，最终死亡。所以酚污染对渔业生产上将具有严重的危险。

从有关资料报道：鱼类对氯化钠的敏感性很高，1972 年美国学者 Dandy 的实验结果表明，溪鳟对氯化钠的回避浓度为 0.08～0.35 mg/L，1976 年 FAVA 等利用一种黑鼻鱼对总氯的回避值为 0.92～1.49 mg/L，SPragae 用虹鳟实验总氯回避值却低至 0.001 mg/L，但据我们利用鲫鱼的实验结果表明，其回避浓度均比他们的高，这可能与鱼类品种不同有关。

从本试验结果来看，它们发生回避行为的浓度一般均较 24 h 忍受浓度低，但也有高过此浓度的，这就极易造成急性中毒死亡，故对此污染物（如酚、氰等）就应加倍地重视预防。

鱼类对污染物引起的回避行动，从本试验结果来看，可有不同的回避方式：一是对高浓度的回避迅速，无返回情况；二是试探性回避，鱼类经过多次进入污水区后方达到回避的目的；三是不产生回避行为。

引起鱼类回避原因，我们认为主要是于对鱼类的侧线系统、味蕾、嗅神经等感受器发生刺激所致。

2.6 应用生物生理学监测试验

试验监测 NO 复合物对鱼类呼吸、心搏、血液等生理学影响具有重要的实际意义，本试验选用鲢、鲩、鲤、鲟、鳝等五种鱼类，分别放养于阶梯式盛水 50 L 水槽内。用 MZK-01 控温仪自动调节水温；由 Aloka SSD-202、Aloka Scopl 型超声仪，自动观察和记录鱼呼吸率、心搏率、肝体指数、血液、酶类等项目。水质 pH 值 6.5～7.5，总碱度 0.20～1.35 mg/L。

从试验结果表明（表 2-9），使用 NO 复合物的内服常规用量 1 500～3 500 mg/kg。对鱼类呼吸等五项目无显著差异，但一旦受外源性热冲击情况下，即能加速鱼类呼吸率、心搏率，若超过 36℃鲢、鲩等鱼呼吸率和心搏率会发生紊乱，甚至出现麻痹、休克，以至死亡。

表 2-9　应用鲢等五种鱼内服 NO 复合物后检测五项生理指标

鱼类测定项目 \ NO 复合剂		NO 复合物用量（mg/kg）				
		1 500	2 000	2 500	3 000	3 500
鲢	呼吸率	70	75	74	76	76
	心搏率	42	43	44	43	45
	肝体指数	31	31	31	28	30
鲩	呼吸率	68	70	71	75	75
	心搏率	41	45	46	46	47
	肝体指数	30	31	32	28	29
鲤	呼吸率	70	72	74	75	76
	心搏率	45	46	46	47	47
	肝体指数	33	33	30	28	31
鳝	胆碱酯酶（活力单位）	4. 11	4. 5	4. 0	4. 2	4. 10
	碱性磷酸（金氏单位）	4. 10	4. 2	3. 4	3. 2	3. 1
	谷氨酸酶（μg/100 mL）	31. 0	30	25	27	26
鲟	红细胞（万/mm^3）	76	75	77	75	70
	血小板（万/mm^3）	22	21	25	20	26
	血红蛋白（g/L）	7. 2	7. 0	7. 3	7. 8	7. 4
35℃鲩	呼吸率	170	200	210	260	255
	心搏率（次/min）	48	98	100	125	150

2. 7　鱼类“三致”实验

毒物致畸致癌致突变试验，即“三致”试验，是当代医学科学中最紧迫的重要问题之一，三者毒性毒理学关系是极为紧密不可分割的。其共性的关键靶标均在于细胞基础基因受损害；DNA 的序列键断裂、断片、侧位、易位与染色体断裂产生丝状环式辐射状畸变、突变以及并发染色体恶性分裂癌变作用。

“三致”试验又叫遗传毒理学试验，旨在检测各种诱变物对生殖细胞和体细胞的毒性毒理学影响。对遗传危害性做出初步评价。并预测“三致”潜在诱发的可能性。据报道目前检测“三致”方法已超过 200 余种，但最重要的常规使用仅 20 余种，其中以 Ames 试验与细胞微核测定两种为最简易与实用。

前者采用一种鼠伤寒沙门氏菌组氨酸缺陷（HIS）突变株为标准应用菌珠，常用有 TA_{97}、TA_{08}、TA_{100} 和 TA_{102} 等菌珠配套使用。若加入 PKM_{101} 剂则能提高检出率。后者细胞微核测定又称 Howell-jilliy 小体试验。即通过镜检可见到染色体或染色单体的无着丝点断片，或纺锤丝受损丢失整条染色体，尤其在细胞分裂后期为明显，它不能进入子代细胞中遗传，只能游离状呈圆形或椭圆形微核体物质，被称为微核。微核的检出率与染色体受"三致"影响程度有着紧密的相关性，通常视微核数量的检出率未超过 0.3%均视为允许范围。

1993—2010 年在江苏省无锡市宝界桥头养鱼场等曾多次进行池养鲤细胞微核测定。试验鱼规格体长 14~16 cm，体重 84~120 g/尾。试验饲料中分别拌入 NO 复合剂、骨糜粉、谷氨酸、黄曲霉素等四种混合饲料。饲养 10 d、30 d 及 2 个月三组，试验水质 pH 值 6.5~8.0，硬度 5.5 德国度（1 德国度=10 mg CaO/L），溶解氧不低于 5 mg/L，检测微核时均用玻璃注射器针刺鲤尾部静脉管处抽吸血液 0.3 mL，加入肝素抗凝后涂片，用酒精固定，吉姆萨氏染色，蒸馏水冲洗后镜检，记录备用（表 2-10）。

表 2-10　应用鲤鱼检测细胞微核试验结果

药名 \ 药量（mg/kg）\ 检测		微核测定			
		细胞数（千）	第 10 d	第 30 d	2 个月
NO 复合剂	1 500	1 000	1.71	1.7	1.7
	2 000	1 000	1.62	1.63	1.71
	2 500	1 000	1.75	1.8	1.81
骨糜粉	1 500	1 000	1.32	1.45	1.59
	2 000	1 000	1.61	1.7	1.81
	2 500	1 000	1.91	2.00	2.01
谷氨酸	1 500	1 000	1.56	1.78	1.90
	2 000	1 000	1.62	1.72	1.91
	2 500	1 000	1.81	1.82	1.93
含 10%黄曲霉素	1 500	1 000	9.61	10.5	13.21
	2 000	1 000	9.43	10.81	14.15
	2 500	1 000	8.45	11.82	15.21

注：由以上检测结果表明，应用 NO 复合剂等三种饲料的细胞微核率无显著差异，但在混合 10%黄曲霉素饲料中，其微核率均比正常值高 2~5 倍多，故不宜于水产养殖中使用。

2.8 慢性毒性试验

慢性毒性试验是对水生生物在长期的周期性的毒性毒理学的效应，也是评价药物或污染毒性的有效方法，以及借此求出药物或污染物的最大允许浓度，为制定食品质量标准和渔业水质基准提供科学依据。

2010—2013 年在广东省饶平渔药研究基地和江苏省射阳县洋河镇水产站分别选用一年能繁殖三、四代的罗非鱼做试验。试验鱼分别饲养于 5 个小型池塘和 14 个盛水 8 L 水族箱。鱼规格平均体长 8 cm，平均体重 14 g，以雌雄性 3 : 1 比例搭配共饲养 250 尾。试验药物五组：第一组 NO 复合剂，第二组骨糜粉，第三组谷氨酸，第四组喹乙醇添加剂饲料及第五组对照组，试验期 8 个月，定期检测鱼体表外感受器官及其产卵率、孵化率和出苗率情况（表 2-11）。

表 2-11 NO 复合剂等五种药饲对罗非鱼繁殖影响试验结果

药名 \ 检测项目	雌性平均产卵率（%）	孵化率（%）	出苗率（%）
NO 复合剂	85	76	70
骨糜粉	82	71	68
谷氨酸	81	70	66
10%喹乙醇	5	0	0
对照组	70	68	55

从以上试验结果得出，NO 复合剂、骨糜粉和谷氨酸三种饲料喂养 8 个月，其产卵率、孵化率及出苗率无明显差异，唯新投喂含 10%喹乙醇添加剂饲料，喂养 10 d 鱼食饲料减少，游动缓慢，体表色素变深黑色，经解剖检查肠道充血，肛门红肿，腹腔充满腹水。表明鱼体已慢性中毒，鱼体已明显枯瘦，游动无力，而且体内卵巢的卵胚已无卵黄沉积，大量空泡化后消失。此后在江苏省肿瘤医院等三家研究院，应用喹乙醇添加剂饲养小白鼠实验，结果表明，小白鼠发生不孕、不育、不产仔等结果，因而建议严禁喹乙醇于水产养殖中使用。

应用 NBOA 活性剂分别以 0.15%、0.2%比例添加于基础饲料中投喂于虹鳟、鲩鱼、青鱼、鲫鱼持续 2 个月，在饲养过程采用低氧增温及冲水急流三种短暂冲击情况下，观察鱼类应激反应。三种鱼类试验均结合在生产性池塘中，实践进行以便于提高养殖成活率，增加产量和质量。

（1）材料与方法

第一组于浙江省新安江水库场下，水养殖虹鳟鱼种，每亩放养虹鳟鱼种2 000 尾左右，由水库总工程师及魏均成科长指导安排开展。

第二组鲩鱼、青鱼鱼种规格 10 cm 左右，由江苏省养殖马山区水产组技术员安排试验。

第三组鲫鱼养殖每亩放养夏花鲫鱼 2 000 尾，由江苏省渔场原大浮养殖场负责试验。

（2）试验结果

①从第一组虹鳟鱼种养殖来看，曾有三次在早晨气压低雾大情况下，养殖鱼种除添加 NBOA 活性剂外，所有堤坝下池塘鱼种均发生浮头“颚水”现象，据测定水体表溶氧量低于 3 mg/L，有的池塘由于放养密度高，浮头严重，可见虹鳟口唇部发黄，颈部呈灰黑色，但在三个投喂 NBOA 1.5 mg/kg 池塘虹鳟鱼未发生浮头，溶氧量达 3 mg/L，在上午阳光照入半小时情况下全部池塘解除使用增氧机，而试验池一直未开机，表明用 NBOA 剂饲料能增强忍耐氧力；同时在中午提高水温 2~3℃时也未见发生试验的虹鳟游动力加速情况。

从试验结果表明，应用 NBOA 组虹鳟，成活率 100%，体色由于多年饲养呈灰暗色体表现彩虹鲜艳发亮，肉质呈鲜红色。耐力增强，可把活鱼从江西赣江地区运输到北京，与天然虹鳟鱼生长无区别。

②第二组由无锡市马山区水产公司 4 个鱼池养殖青鱼鱼种，NBOA 添加量 0.2%，饲养结果试验组成活率提高 11.6%，鱼种规格平均增加 20%，整个试验期未发任何病害，详见表 2-12。

表 2-12　无锡马山区水产公司青、草鱼种用 NBOA 剂饲养结果

池号	每亩放养		每亩产量			成活率（%）
	尾数（尾）	规格（cm）	重量（kg）	尾数（尾）	规格（cm）	
1 号青鱼	6 500	4.0	244.0	6 100	40.0	93.9
2 号青鱼	6 500	4.0	183.3	5 500	33.3	84.6
3 号草鱼	6 500	3.5	190.0	570	33.3	87.7
4 号草鱼	6 500	3.5	133.3	4 800	27.8	73.8

③第三组无锡市大浮渔场饲鲫鱼种结果表明，鲫鱼种成活率达 95%以上，

鱼种规格提高35%，全养殖期无任何病害，体质强、体表色泽光亮、鳞片紧密甚活跃。

2.9 应用水蚤检测药物毒性试验

水蚤俗称水珠、水虫、鱼虫，属于小型甲壳动物枝角类浮游动物。由于它对水已存在极强的敏感性，故在法国、英国、瑞士、奥地利等国被用于检测莱茵河、多瑙河及泰晤士河等水污染毒性反应，在我国医科院系统也屡用于监测和鉴别药物毒性程度，为制定药物基准提供科学依据。

我们是选用大型蚤与另一种蚤状蚤作 BNOA 剂的毒性试验。试验设备采用阶梯式的特制水泥槽，槽外利用玻璃透明便于检查观察，每槽容量 20 m^3 水体。并由 WMEK-01 型控温和自流装置保持微流水试验，每槽水中放入 200 只以上由自行驯化水蚤。试验 NBOA 浓度 5 mg/L、10 mg/L 及对照组用有抗磷敌敌畏和多杀菌素，试验水环境条件相同，试验期 5 d。

从试验 NBOA 组 5 mg/L、10 mg/L 及敌敌畏 0.1 mg/L 、0.011 mg/L，多杀菌素 0.1 mg/L、0.01 mg/L 6 个浓度组结果表明，NBOA 两组水蚤成活率超过 90%，而且尚有繁殖小水蚤增加；敌敌畏两组经 24 h 内全致死，多杀菌素 0.1 mg/L 浓度水蚤死亡 80%~85%，0.01 mg/L 浓度水蚤死亡率 20%~30%，详见表 2-13。

表 2-13　NBOA 对水蚤急性毒性试验结果

药名	浓度（mg/L）＼时间（h）	2 h 存活率	10 h 存活率	16 h 存活率	18 h 存活率	24 h 存活率	48 h 存活率
NBOA	5	100	100	100	98	95	92
	10	100	100	100	98	95	91
	0	100	100	100	98	90	90
敌敌畏	0.1	0	0	0	0	0	0
	0.01	0	0	0	0	0	0
	0	100	100	100	97	95	90
多杀菌素	0.1	20	10	0	0	0	0
	0.01	30	20	10	0	0	0
	0	100	100	100	98	90	90

注：NBOA 组 5 mg/L、10 mg/L 浓度中水蚤有脱壳及新生蚤未计内。

从 NBOA 两组试验看出，水蚤又有孤雌性脱壳繁殖性能，从试验后保持继续饲养水蚤一年半后尚有孤雌繁殖新蚤现象，在水温 25℃条件下，外壳带微红大型水蚤易死亡，故在试验时以选用一、两年新蚤为佳。

2.10 NBOA 对鱼类性腺、胚胎及苗种发育生长的影响试验

早在 20 世纪 60 年代初，作者在江苏望亭、东山、云南大理、元江及湖北荆沙等一些家鱼人工繁殖基地系统作亲鱼培养、产卵孵化及苗种培育工作，结合进行 NBOA 抗病促长试验，并获得较佳的成果。

（1）材料与方法

采用繁殖新鱼，主要为草、鲢、鲤、鲫鱼种。雌雄性 2∶1 或 3∶1，均由专门池塘饲养，定期用挖卵器掏取卵粒检查发育情况，卵巢检查标准依 MeneH 法划分 6 期，催产时用脑垂体注射，注射量按体重 1 mg/kg 计；于人工产卵池用流水自然产卵。收集受精卵于孵化缸孵化，鱼苗培育，放养量每亩放 1 万尾至夏季结束。

NBOA 配合试验，采用 0.1%、0.15%拌饲分别投喂，并定期取样检测记录，整个过程鱼类繁殖试验 7 个月。

（2）试验结果

鱼类性腺发育，从卵原细胞分裂生长至性成熟排卵、产卵、受精孵化及苗种培育，结合进行 NBOA 活性添加剂饲养研究观察，以便从鱼类繁殖规律中，充分发挥其繁殖潜力。从试验检查结果表明，应用 NBOA 0.1%、0.15%剂量添加基础饲料中持续投喂；2 月第一次检查看到，卵母细胞尚不规则，直径 100~150 μm，但肉眼尚分不清卵粒与精原细胞；精巢、卵巢均呈线状形，血管不明显与对照组无明显区分；3 月第二次检查表明卵巢、精巢包膜有增厚趋势，卵经已长到 250~400 μm，卵细胞开始沉积卵黄粒，精巢略膨大呈圆杆状，挤压雄性腹部尚未有精液流出；5 月第三次检查表明，整个卵巢已趋膨大，已占腹腔 2/3 左右，且呈灰黄或灰白色此时卵粒已较易分离脱落；压挤雄鱼腹部可挤出白色精液。对照组的卵巢、精巢细胞结构既无明显差异，但在巢腔外生长灰白色的脂肪层或脂肪膜，甚至有环绕着性腺外部，从第三次系统检查后半个月，池水温上升至 23~25℃定点检测表明，卵母细胞已丰满长足。其胞核已大部分偏心呈极化状态，进行催情能超正常成熟排卵反应；精巢已发育到Ⅱ期成熟。

送到产卵场冲水自然产卵受精，经一个多小时草鱼、鲤鱼或鲢鱼、鲤鱼发生急剧发情追尾产卵，经检查结果表明，应用 0.1%~0.15% NBOA 剂的新

鱼母体几乎达90%以上全产、顺产；然而对照组几乎均存在难产、肛门红肿充血，腹部仍然柔软膨大，可能与体腔生殖腺内外积聚大量的脂质有关。

①鱼卵胚孵化与苗种培育

从草、鲢、鲤的孵化结果表明，由于草、鲢、鲤鱼应用 NBOA 0.1%～0.15% 添加投喂后，鱼类的新陈代谢旺盛，游动力增强，因而体内积累体脂较少，NBOA 能分解体内糖原和脂肪细胞，故其孵化率略较对照组高 20%～30%，从卵粒个体质量比较尚无明显差异；鲤鱼卵属黏性卵，其采集鱼卵于鱼巢（干草做）及孵化是在江苏望亭试验。

②草鲢鱼性腺发育情况（表 2-14）

表 2-14　草鲢鱼性腺发育情况

检查次数	鱼品种 / BNOA 含量	草鱼	鲢鱼
2月	1	由鱼体腔背部生殖褶上形成原始性细胞，雌雄性不能辨别分析	由鱼体腔背部生殖器发育成原始性细胞，尚不能分析雌雄性别
	1.5	同上	同上
	0	同上	同上
3月	1	由原始性细胞逐渐分裂为卵母细胞，开始生长期染色体开始交换生长	原始性细胞分裂了卵母细胞，开始生长期染色体开始交换生长
	1.5	同上	同上
	0	同上	同上
5月	1	可分析卵检性别细胞核尚未极化，但渐向Ⅳ期转化	分析雌雄性别，但尚不能呈现淋离卵转向Ⅳ期转化
	1.5	同上	同上
	0	胞核未极化体腔脂化增多、积聚	胞核未极化体内脂化积聚增多

苗种培育工作主要在云南大理弥渡鱼类繁殖基地试验，应用 NBOA 以 0.15% 比例掺混在当地牛粪中挖掘。经 15 d 左右鱼苗培养表明，应用 NBOA 剂后鱼体质较对照池强壮，活动力强，而且对照组的鱼苗体表易患车轮虫及孢子虫病，这可能与体质有关，详见表 2-15 和表 2-16。

表 2-15　草、鲢、鲤鱼的胚胎发育时序

发育时间	草鱼（在水温20~25℃时，距离受精的时间）	鲢鱼（在水温25~27.9℃时，距离受精的时间）	鲤鱼（在水温20.5~24.6℃时，距离受精的时间）
胚盘隆起	38 min	30 min	30 min
出现 2 个细胞	55 min	41 min	45 min
出现 4 个细胞	1 h 5 min	47 min	1 h
出现 8 个细胞	1 h 20 min	55 min	1 h 15 min
出现 16 个细胞	1 h 48 min	1 h 10 min	1 h 30 min
囊胚期	5 h	3 h 55 min	4 h 45 min
原肠中期	8 h	5 h 40 min	6 h 30 min
原肠晚期	11 h	8 h 22 min	—
胚孔封闭	14 h	9 h 15 min	7 h 45 min
8 个肌节	—	—	13 h 15 min
12 个肌节	17 h	12 h 45 min	—
16 个肌节	—	—	14 h
20 个肌节	19 h 30 min	14 h 45 min	—
27~28 个肌节	22 h	17 h 31 min	—
32 个肌节	—	—	33 h 30 min
心脏开始搏动	28 h	22 h 45 min	—
孵化	31 h 5 min	24 h 25 min	53 h

注：摘自《中国淡水鱼类养殖学》。

表 2-16　草、鲢、鲤鱼胚后鱼苗发育情况

全长（mm）	草、鲢鱼（水温 22~26℃）	鲤鱼（水温 20.5~24.6℃）
7.2~7.5	卵黄缩小，鳍褶发达，胸鳍原基出现，口裂明显，头部下位后下方出现 2~5 对鳃弓，只能垂直上游，静止时侧卧水底	卵黄囊缩成条状，鳃盖遮住各个鳃部，心脏移到鳃后方，胸鳍下移至体轴中线以下，口为端位，能开闭，鳃弓上有鳃丝，背鳍褶上血管网开始退化
7.8~8.0	卵黄囊更小，胸鳍长大，呈膜状，眼球内有黑色素，鳔已出现，但未充气，鳃弓上出现粗而短的鳃丝，尾部沿轴下肌的下缘出现微血管丛，为一条“红筋”，口在腹面，肌节略增，在头部和卵黄囊肌节之间，有黑色素，可缓慢作水平运动	卵黄囊缩得很小，口完全成端位，肝脏出现，肠管蠕动，鳔已充气，仔鱼头部和背部色素细胞显著增加

续表

全长（mm）	草、鲢鱼（水温 22~26℃）	鲤鱼（水温 20.5~24.6℃）
8.1~8.5	鳔内充气，背面出现黑斑，头及身上黑色素增多，鳃盖向后伸展到第三鳃弓之前，锁骨骨化，胆囊已形成，脊柱末端上翘，口变端位，尚不能摄食，肌节略增，能正常游泳	卵黄囊全部消失，开始摄食，背鳍褶中血管退化
8.5~9.3	卵黄囊愈益萎缩，肠管全部形成，鳃盖可遮四个弓，沿卵黄囊及轴下肌交界处，出现一行黑色素细胞，称为“青筋”，胸鳍增大，口部完整，出现胃，血为红色，肝脏出现，食小型枝角类动物	尾鳍中出现鳍条
10.3~10.7	鳍褶开始分化，背鳍出现 2~3 根鳍条，尾鳍也有鳍条形成，鳔为单室，肠管弯曲，食枝角类（如裸腹溞）及其他浮游动物	尾鳍形成尾叉，背鳍出现鳍条，臀鳍从鳍褶中分化出来
12.4	腹鳍开始出现，尾鳍开始分叉，鳔分成二室，肠管弯曲，背鳍 7 根鳍条；臀鳍 6 根；尾鳍 19 根，并开始分节，食枝角类，如裸腹溞和盘肠溞	尾鳍分叉明显，臀鳍中有鳍条，鳔分为同样大小二室
13	背鳍，臀鳍上有硬棘，口上位	
14.6	背鳍完全从鳍褶中分化出来，背后褶开始消失，肠管盘曲明显，尾鳍鳍条分 4 节	腹鳍开始形成，还没有鳍条
16.3	臀鳍与鳍褶分开，出现 9 根未分节鳍条，腹鳍生出 4~5 根鳍条，尾鳍鳍条 5 节	腹鳍中具完备鳍条，体侧开始出现鳞片
19	臀鳍后面和腹鳍前面鳍褶开始退化，背鳍鳍条分成 5~6 节，腹鳍 6~7 根未分节的鳍条，鳞片未出现，咽喉齿数目形状与成鱼同，肠管发展成三大盘曲，草鱼开始能食大型枝角类和底栖动物，并转到沿岸浅水地区活动	
22	鳞片开始在胸鳍上方部位出现，腹鳍鳍条 7~8 根，已分成 3~4 节，草鱼食物中有植物碎片	全身鳞片已形成

3. NO 复合剂在生产实际中应用

一氧化氮饲料添加剂早在 21 世纪前简称“EZO”，但从 2008 年检出含丰富的一氧化氮前体物后，被称“NBOA”活性物质，并在国内各主要水产养殖水域试用水面达 10 万余亩。由于应用效果显著，在国外美、英、意等国有些养殖场也相继试用，并认为本产品具有以下特性。

①增强水产动物的抗应激力

通常投饲后急遇外界紧迫因子压迫，如水温急剧升高或降低，或遇氨氮、亚硝酸盐及硫化氢含量升高，水中溶氧降低等常使鱼虾出现浮头现象。但在投喂本剂 NBOA 产品后，则能忍耐环境的恶劣变化，即使溶氧降至 2~3 mg/L 时鱼虾类游动自如。

②提高水产动物品质，降低生产成本

由于 NBOA 可促进饲料中蛋白质迅速转化，分解成养殖动物易吸收氨基酸，其最高饲料转化率达 90%，并且还能促进机体肌纤维内的血红蛋白和血色素较对照组提高 8.2%；故使肉鸡、肉猪方面出现肌肉多，脂肪少，使肉质呈现鲜红有光泽的肌肉层，另外本品还可消除鱼、虾体内煤油味（酚味）。曾救助天津市 15 000 余亩污水鱼除去异味并获好评。

③促进生长

大幅度提高鱼、虾、蟹产量，由于它含有特殊生物活性物质如多糖体和 NO 前体物，能提高鱼、虾、蟹产量达 3%~31%，明显提高成长速率。

作者文章曾在国内多次被《中国渔业报》《中国水产》《科学养鱼》《虾蟹养殖》《当代水产》及台湾《养鱼世界》等媒体发表。也被亚洲水产学会、中国水产学会等在北京召开等三次渔业大会上作 NBOA 等专题发言。

在国际方面曾应美国马里兰大学召开“国际水生动物健康养殖”（1999），澳大利亚召开“国际水产养殖会议”（1999）、挪威、丹麦及美国、英国分别召开国际珍贵鱼类生物学会等（2000）专题报告发言，并对 NBOA 环保型产品予以肯定。

3.1 受美国邀请参加“2000 年美国水生养殖会议”通知原件

发件人：Conference 2000<2000conference@ aquaculture. cc>

收件人：jiangou@ piblicl. wx. js. cn<jiangou@ publicl. wx. js. cn>

日期：2000 年 3 月 8 日　23：18

主题：Contribution to the AQUA 2000 Conference

Prof. Lifan Jiang
Freshwater Fisheries Research Center
Chinese Academy of Fisheries Sciences
Zhong Qiao Two Cun 102-201 shi
Wuxi 214073
People's Rep. Of China

Ref.：00/A2/0114/610/P/ S 43

Dear Prof. Lifan.

On behalf of the programme committee for AQUA 2000, we take pleasure in informing you that your paper entitled:

JZ-biology active substance play an important role in developing bass (Micropterus salmonoides) culture. lifan J., J. Ou, and Z. Wanghua.

Has been accepted as Poster Presentation.

The poster exhibition will be open throughout the conference and a special session with authors present has been scheduled, allowing thus for a maximum of exposure of the information presented. An award for the best poster and for the best student poster will be attributed.

You are kindly requested to prepare your poster according to the enclosed guidelines.

The poster must be mounted by the author (s) preferably on Tuesday, May 2, the day before the conference, between 14.00-19.00. The authors are requested to the conference information desk to receive further instructions. The posters must be removed on Saturday, May 6, between 17.00 and 18.00 hrs.

We finally draw your attention to the fact that all participants must officially register for the conference. The appropriate form is included in the 2nd announcement (comprising more details on the programme, excursions, hotels etc) mailed earlier to you or can be downloaded from the EAS (www.easonline.org) or WAS Homs Page (www.was.org). Please make your arrangements for hotel timely.

Please visit the EAS Home page for programme updates at:
http://www.easonline.org.

3.2 在美国水生养殖学术会议有关学术报告原文

STUDY AND APPLICATION OF JZ-BIOLOGY ACTIVE SUBSTANCE IN AQUACLTURE

Jiang Lifan, Jiang Ou and Zong Wanghua

Freshwater

Zhong Qlno Two Can, 102, 201shl Wuxl 214073 Chlna

Tel: 86-510-5400357, fax: 86-510-2721944,

e-mail: Jiangou@ publicl. Wx. js. cn

Abstract

One of the most important problems of an artificial fishes culture is a problem of lower embryonic development, larva, fry growth and survival inclusion its diseases death on cultures. Thus according to our practical experience indicated that the application of new technology JZ-bioactive substance to culture can be not only raising embryonic development, larva and fry growth, but also enhance neuroimmunodulation, against bacteria, virus and parasites diseases in fishes as Well, At present, this new technology is very important significance for fisheries Culture in the fishes of word.

The JZ-bioactive substance is an excellent food additive from natural green Plant, which is formulated and processed with selected superior high-quality hers according to theory of traditional Chinese medicine with modern scientific Technology. It is used in various fishes. Such as carp, crucian carp, black Carp, catfish, salmon rainbow trout, brook trout, sturgeon, perch, bass, bream, eel And tilapia etc. Especially used in rainbow trout, black carp and some shrimps to be very well so that this epitomize the advantages of ancient and present prescriptions for protection animal health.

Materials and Methods

Ⅰ. Field studies were greatly assisted by the fishing boats to observe carp and bream development and behaviour status in designed fed JZ-bioactive in large

Ponds (over 200 ha)

Ⅱ. This experiment was observed the effects of JZ-bioactive additive to fish growth

Ⅲ. Observation made on effects of JZ-bioactive additive additive to K^+

Ⅳ. Hisopathological examination fish live cell status after using bioactive Additive food.

Results:

Ⅰ. The results of the field investigation

The results of the field test showed these carp and crucian were normal behaiour Swimming especially carp appetite behavioural action healthy, However, their body Colour was changed healthy from grey colour to greenish light colour.

Ⅱ. Results of the fish growth and survival

①The main result of our tests was the to increasing of crucian carp embryonic Survival 80% after the JZ-bioactive substance treatment 0. 5 ppm for 1 hour under water temperature 17℃; increasing survival to 90% after treatment 1 ppm 20℃; increasing survival to 92% after treatment 1 ppm 24℃.

② Juvenile eels (Anguilla Japonica) were nursed 61 days, which administration a daily feeding additive rate 1. 5~2 gram/kg food rose growth more 1time than control (See table 1)

Table 1 Eel growth comparison between using JZ-bioactive an no-using JZ-bioactive additive

Groups (no。)	Fish (no。)	Total weight (G.)	Pure weight (per fish g)	time
Test groups	250	4 500	18	9
Control groups	248	1 984	8	4

Test tempetature 20~24℃.

③Juvenile bass were nursed 96 days, which administration a daily feeding additive rate 1. 5 gram/kg food rose growth more 1time than control (See table 2).

Table 2 Bass growth comparison between using and no using JZ-additive

Groups (No.)	Fry	Length (Each fish cm)	Harvest Survival (%)	Harvest Weight (esch fish g)	Ratio (time)
Test groups	800	3	98	650	2. 1
Control groups	800	3	72	312	1

④Juvenile soft-shelled turtle were nursed 31days with feeding additive daily rate of 1.5 gram/kg food, which is rising growth more 1 time than control group (See table 3).

Table 3 soft-shelled turtle growth, survival comparison between using JZ-bioactive and no-using JZ-bioactive additive

Ponds (no.)	Stock Status			Culture Date (days)	Test Results			
	Area (m^2)	Weight (g)	Total Number		Weight (g)	Total Number	Total Weight (kg)	Survival (%)
Test1	4	90	80	3.26~4.28	172	80	13.76	100
Test2	4	110	80	3.26~4.28	197	80	15.76	100
Test3	4	130	80	3.26~4.28	223	80	17.84	100
Test4	4	70	80	3.26~4.28	148	80	11.84	100
Test5	4	100	80	3.26~4.28	185	80	14.80	100
Control1	4	90	80	3.26~4.28	131	68	8.908	85
Control2	4	110	80	3.26~4.28	153	72	11.016	90
Control3	4	130	80	3.26~4.28	174	74	12.876	92.5
Control4	4	70	80	3.26~4.28	104	64	6.656	80
Control5	4	100	80	3.26~4.28	138	60	8.28	75

Ⅲ The results of examination in blood plasma of fish

Fish were fed the JZ-bioactive to show K^+, Ca^{2+} and PO_4^{3+} normal quantity in blood plasma of bream (See table 4).

Table 4 Bream was examined K^+, Ca^{2+} and PO_4^{3+} in blood plasma after feeding additive

Feeding additive (%)	K^+	Ca^{2+}	PO_4^{3+}
0.1	3.70±0.21	2.30±0.20	4.50±0.22
0.15	3.80±0.23	2.90±0.25	4.65±0.23
0.2	3.80±0.24	2.90±0.25	4.70±0.24
Control	3.80	3.80	4.70

Ⅳ. The results of histological examination in hepatic tissue of carp

The carp were cultured in large using fed JZ-bioactive additive, which to Show hepatic tissue normal distribution. However, in control ponds, otherwise These fish hepatic cell was swollen, and the gallbladder enlarged with swelling become dark green colour, the fish dorsum usually becomes dark and slightly darkish Histological examination was performed to liver tissue of a number of vacuoles, Enlargement of nuclei of some cells It may be observed a lot of prominent fatty granule in hepatic tissue So that, It is showed that using JZ-bioactive can control Hepatic disease, especially fatty degeneration liver in fishes.

We consider that the increasing of fishes survival, development and encouraging growth were as a result of JZ-bioactive substance immunomodulatory action the improvement of fish health and of their resistance to negative influence of unfavorable ecological factors under water environmental temperatures. It is seconded to none in the world, which may be recommended for the using on fishes farms and hatcheries.

Keywords: JZ - Bionctive substance, Survival, Fish culture, Encourage growth, and no side effects.

3.3 应用中药 NBOA 防治美国蛙鳟旋转病初见成效

蛙鳟鱼类的旋转病又称昏眩病、疯狂病，是当今国际上存在的重大鱼病难题之一。自 1903 年发现此病以来，各国将近一个世纪的研究迄今尚未解决。由于该病流行于欧、美、亚及非洲各国的蛙鳟鱼水域，而且还不断扩大蔓延，从而给各国蛙鳟渔业带来惨重的损失。据美国调查表明，1990 年年底至 1995 年年初该病扩大到 18 个州，至 1997 年又超过 20 多个州。感染后死亡率一般在 50%~60%，有些几乎全军覆没。更严重的还在危及江河等天然水域中野生鱼类种群，有些江河幼鱼的感染率达 50%~100%，面临着严重的威胁。

本病系感染脑黏体孢子虫所致。由于该虫体有坚硬外壳保护且深埋于脑软骨及神经组织中，人们虽然采用化学药物及经历近一个世纪的努力，仍难以取得满意的防治效果。1998 年 2 月 19—21 日于美国科罗拉多州罗莱研究中心专门召开解决旋转病问题的国际会议，在会中采纳了姜礼燔提出应用中草药防治该病的建议，并于美国付诸试验。

试验药物是由我们提供的多类型中草药活性剂。试验鱼首先选择以症状明显的“老病号鱼”，便于观察药效，试验期计划持续 3 个月。现仅进行 23 d 试验的检查表明，其结果出人意料的满意。在各试验鱼体内虫体数与对照鱼比较，皆表明有大幅度下降，甚至连孢壳都消失。美国著名鱼类病理学家 W·彼得及其同事对此试验结果表示非常兴奋。美国科罗多拉州大学 E·P·

勃佳尔教授也认为，此试验的结果真令人鼓舞。另外美国水产学会已向姜礼燔及其研究成员发出邀请赴美参加1998年8月30日至9月3日于马里兰州召开的第三届国际水生动物健康会议，并邀请作者作该病防治的科学报告。

此外，在中草药防治此病中启示表明：①首选中草药须具有渗透性极强的活性物。它既能透过胞膜、孢壳等介质，又能增强脑部血液循环，提高特异的抗病原能力；②必须有先进的低分子高浓缩活化制药技术，从而改变具有高分子结构的中草药难以吸收的缺陷；③必须增进机体体质及提高免疫能力。

长期以来，我们遵循上述原则，在研究及开发药物中皆获理想的效果。

3.4 应用NBOA防治中华鲟肝脏癌病

中华鲟是我国一种珍稀鱼类，亦称“国宝鱼”，但近年来随着工、农业发展，引起长江某些局部水域的严重污染，从而给这种珍稀鱼类带来很大的损害。据我们长期调查，不少中华鲟已患有慢性病、鳃瓣出血，红细胞、血小板和血红蛋白含量降低，鱼体内含有较高重金属，如铜、锌含量达到1.48 mg/L与10.16 mg/L，以及肝脏发生癌变等症状。这一情况应引起有关部门的高度重视，以便积极做好中华鲟资源的保护工作。

据调查，长江下游局部污染水域发现，珍稀鱼类中华鲟鱼种有些出现慢性病，经生化、生理及组织病理学检查表明，肝脏组织已坏疽、肿大，有结节，甚至发生癌变。同时还作了鱼体血液分析，重金属残留量测定，鱼活动力，诱食反应，组织病理学，遗传细胞肝体指数检查以及治理对策。现经整理报告如下：

（1）材料与方法

野外调查：在长江下游某江湾局部污染水域依当地渔民长期设定置网具捕捞，以定期采集中华鲟幼鱼予以蓄养，具有病症者即取样活体检查或用乙醇浸泡保存，其检查方法按国际Bucke法规定分级指标，计五级：一级1支鳍条腐蚀或坏疽，二级2~5支鳍条腐蚀或坏疽，三级5~6支鳍条腐蚀或坏疽，四级超过10支鳍条或20~30支鳍条腐蚀或坏疽，五级全部鳍条或体表大部受伤等症状。

（2）室内试验与检测

①游动能力试验

游动能力测试采用瑞士1-76型Bern规定的装置进行，该装置为40 L容量的自控环转的试验槽，试验用水取自长江水样，水温调控在19~20℃，流速调控在 0.4~0.9 m/s，每次用一尾鱼，分别进行 5 min、10 min、15 min 试验，观察记录幼鲟顺游，逆游活动情况。

②诱食反应测试

本试验采用有机玻璃制成的 TL 型鱼类诱食槽，全长 120 cm，高 18 cm，宽 12 cm，内设 4 支槽，均分别注入诱食溶液与清水加以比较。诱食液有 *L*-精氨酸、苏氨酸、骨糜、硫酸铜 4 种，每个浓度试验至少 4 次，每次用鱼 10 尾试验 20 min。记录每个试验浓度进入溶液槽及清水槽的次数及停留时间，计算出鱼诱食指标，评价诱食率，测验水温 15~20℃，pH 值 6.0~7.0. 总硬度 6~7.0、碱度 2.3~3 mg 当量/L。

③重金属残留量测定

病鲟体内重金属残留量采用 1808 原子吸收仪测定。

④生理生化测定

测定鲟血相指标分别抽取病鲟鱼血液与对照组比较，血液红细胞、血小板及血红蛋白三项指标；鲟体肝体指标测定按美国 Lock wood 规定的 LSI 指标检测。

⑤组织病理学检查

随机选取试验鲟与对照鲟的唇、颌、触须及肝脏组织，由波恩氏液固定，50%酒精处理后保存于 70%酒精中，石蜡切片，厚度 5 nm，苏木精、伊红两色染色、显微摄影电镜检查记录。

（3）治理措施

治疗中华鲟慢性肝病和肝癌症的主要方法，采用五加科野生植物长青果提取物，其成分有 *L*-精氨酸、*L*-瓜氨酸、多糖及维生素 C、维生素 E 等产生抗氧化物的一氧化氮 NO 前体物，按饲料的 0.15%比例混配投喂，持续投喂饲养 85 d 后检查，可获相应的治理效果。该混配饲料由福建天马科技实业有限公司提供。

①野外调查结果

在长江下游某江湾局部严重污染水域，调查表明，水体中有排入化工、造纸、灰渣等未经完全处理废水、废渣，致使表层江水出现大量泡沫、灰渣等污染物流程数千米，尤其在夏季高温季节，常可见漂浮死鱼。该水底沉积有约 30 cm 残渣和纤维等污染物。由于中华鲟属于底层鱼类，喜栖底游或觅食引起慢性中毒，其中毒症状常表现鱼体色素加深，体表或鳍条部腐蚀、坏死、血斑、淤血、鳃瓣充血及肝脏呈淡黄色或深棕色肿大等症状。据我们长年累月的定期定点调查大量的幼鲟结果表明具有鳍疽、坏死及慢性肝炎、癌变等病鱼占检查总量的7.7%，现筛选10尾病例列表如下，见表3-1。

表3-1　中华鲟幼鱼病例情况

编号	体长（cm）	体重（g）	主要症状	评级
1	26.0	77.0	体色加深，腹背充血	3
2	25.0	72.0	体色加深，腹有血点	3
3	28.0	81.0	体色加深，缺乏光泽	2
4	27.0	75.0	鳍条有腐蚀	1
5	31.0	84.0	腹充血	1
6	23.1	48.0	腹部有血斑	2
7	23.2	42.2	腹、胸充血	2
8	21.0	33.7	体表受损	1
9	25.1	6.5	体表腐蚀	3
10	26.2	7.1	充血扩肿	3

②室内试验及检查结果

a. 游动能力测试结果

从1~10号病鱼分别测试表明，这些病鱼经5 min，10 min，15 min的水流冲击，其游动能力甚弱，几乎失去逆水能力，随水漂游5 min时，呼吸频率每分钟为104~118次，10~15 min时鱼体已失去平衡能力。出现鱼体翻滚现象，呼吸率快慢不一，出现不规则。但正常的幼鱼具有很强的逆游能力，呼吸率每分钟为199~216次。未见异常行为。

b. 诱食反应试验结果

从鱼种对*L*-精氨酸等5种诱食行为反应，对铜的吸引力最差，甚至产生剧烈的逃避行为，如浓度0.3 mg/L时间诱停留与进入次数指数分别达50.20±36.61与23±25.77；铜浓度上升0.50 mg/L其指数增加到85.74±13.49与56.28±14.18表示异常回避反应，显著性差异（$P<0.05$）。但对*L*-精氨酸、苏氨酸及骨糜溶液诱食力则较强，特别对*L*-精氨酸为甚，因而对5种诱食浓度，分别同相应溶液浓度之间应用线性回归，表示存在明显的回归关系。*L*-精氨酸在9.90、5.4、4.5及0.90浓度中，与平均时间停留，进入次数指数关系式（1）$y=-11.41\pm4.87x$与（2）$y=-25.65\pm5.55x$，相关系数为0.955与0.930，由此看出r接近于1，表明回归线性显著（表3-2）。

（1）$y=-11.41+4.09x$　　（2）$y=25.68+5.55x$

（3）$y=-13.98+6.16x$　　（4）$y=5.06+3.22x$

表 3-2　中华鲟鱼种对 L-精氨酸等 5 组诱食反应表

编号	试验浓度（mg/L）	对照期（停留时间，s）		试验期（停留时间，s）		时间指数
		清水	溶液	清水	溶液	
L-精氨酸	9. 90	196±37. 27	240±63. 19	286. 3±115. 99	167±21. 15	32. 88±27. 49
	5. 40	144. 7±63. 21	168±65. 98	135±13. 02	44. 5±34. 82	22. 8±30. 78
	0. 90	64. 25±59. 14	202. 75±105. 24	39±54. 08	97. 25±44. 56	-10. 98±5. 27
苏氨酸	10. 00	99±80. 73	121. 13±74. 15	242. 6±136. 66	184. 88±137. 31	40. 19±34. 26
	5. 00	202±30. 81	195. 75±62. 22	201. 75±73. 39	72±36. 57	39. 13±23. 02
	2. 50	83. 5±6. 01	215. 25±74. 60	75. 25±54. 51	254. 5±120. 2	-13. 48±34. 76
骨糜	0. 50	83±35. 96	91. 25±67. 86	307. 7±260. 11	95±152. 00	69. 88±27. 33
	0. 25	107. 8±10. 4	264. 4±169. 72	120. 4±65. 45	84±54. 43	37. 88±9. 08
	0. 05	84±26. 74	157. 67±90. 71	73. 33±37. 27	181. 5±120. 2	-32. 08±26. 56
硫酸铜	0. 50	142. 4±123. 87	164±83. 36	404. 4±153. 07	33. 4±19. 30	85. 74±12. 06
	0. 25	210. 7±123. 37	95±42. 72	322. 2±131. 42	75. 5±23. 77	50. 20±31. 81
	0. 05	220. 25±56	236±47. 29	239. 25±77. 54	250. 25±99. 07	-3. 05±23. 85
对照组	0	171. 5±238. 30	151. 7±225. 82	15. 75±150. 36	76. 25+104. 44	100±0
	0	186. 5±71. 85	149. 35±53. 18	181. 75±87. 45	94. 75±45. 06	19. 98±82. 44
	0	144±72. 13	238. 2±99. 34	146. 4±93. 80	280±117. 41	-4. 86±4. 10

本试验由中国水产科学研究院淡水渔业中心曹萃禾协助完成。

c. 重金属残留量测定结果

从检测 1~2 号组鱼体残留量均较高，其铜、锌含量分别达到 1. 48 mg/kg 和 10. 16 mg/kg，3、4 号组鱼体内铜、锌量略低，分别为 0. 77 mg/kg 和 5. 94 mg/kg。其次铅、镉含量比较高（表 3-3）。

表 3-3　中华鲟幼鱼残留毒量测定　　单位：mg/kg

编组号	锌	铜	镉	铅
1	6. 9	1. 48	163. 2	226. 9
2	10. 16	0. 60	184. 5	180. 9
3	5. 94	0. 31	0. 90	81. 80
4	3. 12	0. 77	19. 80	245. 60

d. 生理生化检测结果

选用鲟鱼血项检测是判定鱼体内新陈代谢等生理生化变化的有效标识。由抽血测定结果表明，病鲟在治疗后红细胞、血小板及血红蛋白值普遍比治疗前要高。如红细胞几乎上升一倍，血小板升高80%，由于鱼体炎症消退，白细胞恢复正常值（表3-4）。

表3-4 中华鲟幼鱼病鱼治疗前后血相比较

组别	红细胞（万/mm^3）	血小板（万/mm^3）	血红蛋白（g %）	白细胞（万/mm^3）	其中%	
					单板细胞	淋巴细胞
治疗前	47	14	4.5	1.93	11	71
治疗后	78	22	7.1	1.30	2.4	28
正常鱼	78	23	7.0	1.40	2.0	25

注：本项由镇江市谏壁医院负责测定。

病鲟遗传细胞肝体指数（LSI）测定结果表明其平均系数为3.5~3.6，较正常鲟平均2.07~7.2增值1/3左右，表明病鲟出现肝脏肿大病态。

e. 组织病理学检查结果

先检查幼鲟口腔上皮、下颌、颚部、触须及例线系统外感受组织变化，这些组织均分布有密集呈圆形或椭圆形的感觉细胞（包括腔内味蕾细胞）特别是鲟触须部分为甚。这些细胞的直径为19.15~20.80 μm；胞内由感觉细胞和支持细胞组成，并间有分布味蕾细胞皆统管外界种种理化因子的感触，故有“化学感受器”之称。但因此类幼鱼长期逗留在严重的污染水域，这些感觉细胞与肝脏组织一样受到不同程度损害、破坏。这些感觉细胞的胞质萎缩、坏死，甚至出现成片的空泡化失去感觉功能。据国际肿瘤研究联盟（IARC）主任Higginson教授研究表明，由于动物体细胞基因（RNA）不规则分裂癌变所产生核磷酸解体、核溶液解及核空泡化等效应，此是鉴别机体癌症的有效指标之一（图3-1）。

从肝脏癌变部分表明，病鱼1号组中华鲟幼鱼，体色深黑色，缺乏光泽，腹部出现一条灰白色带状边缘。经过解剖，肝脏肿大，表面粗糙，突出结节，呈深棕色。在肝区左叶有高0.6 cm，直径1 cm左右隆起的肿瘤，胆束膨大，呈深绿色。经组织学检查表明肝肿瘤部分已恶化，肝细胞发生癌变（异型性），其细胞已比相应的正常细胞大1~3倍，特别是细胞核更大，其核仁的大小不等，有的相差2~4倍，并可见较多的病理性核分裂相；胞核呈圆、椭

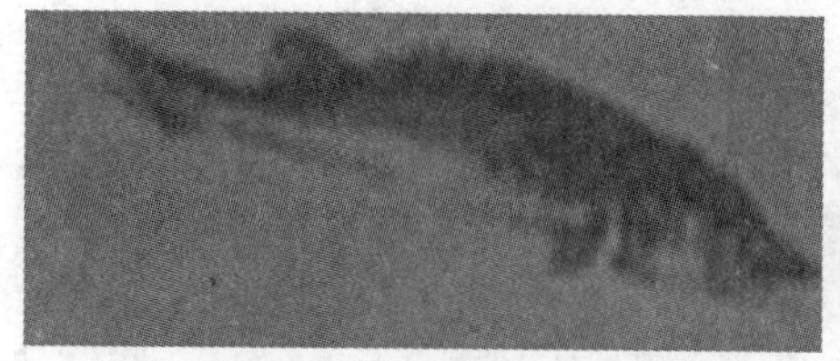

（1）中华鲟鱼体

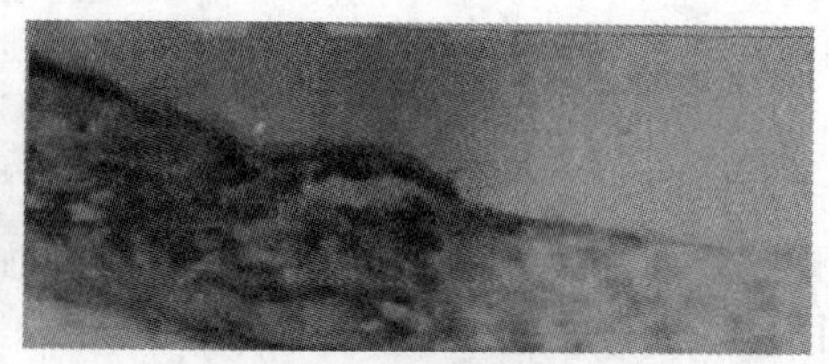

（2）中华鲟下颌触须切片示细胞分布

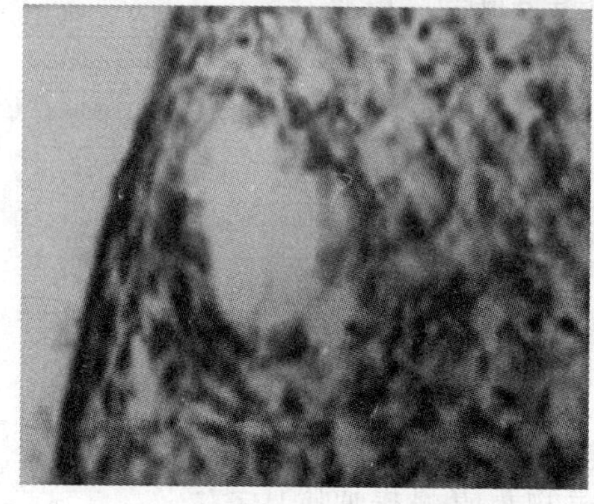

（3）中华鲟唇部受污染外感受细胞空泡化

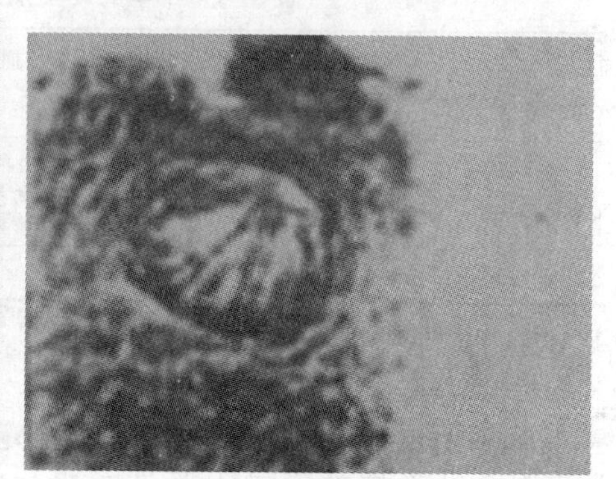

（4）味蕾细胞受损症状

图 3-1　中华鲟在不同诱食渗液中外感受器细胞结构变化（10×1 000 倍）

圆、多角形等不规则，核膜厚度不匀，细胞之间界限不清。另外还可见其浸润性生长，癌细胞已向周围的正常肝区伸展，包围附近一些血管和肝组织，致使病灶扩大，病象明显。2 号组鱼，体色加深，缺乏光泽、腹部充血，经解剖，肝脏肿大，组织疏松，易破碎，呈暗红色；胆束膨大，暗绿色，经组织学检查，部分肝组织已分化成恶性癌细胞，癌细胞已出现中度间变（异型性），细胞已较相应的正常细胞大 1~4 倍，细胞核很大，有些细胞具有 1~6 个以上核仁，而且核仁的大小不规则，胞质色深，粗大，胞浆丰富。另外在附近肝组织中还可见到肝细胞异化，出现胞核小，颗粒细，分布均匀，但核膜和核仁不清楚。由图 3-2 所示，其癌细胞亦向各方伸展、转移、压迫附近组织。3~8 组鱼体加深，经过解剖，肝脏呈褐红色，组织疏松，胆束大，呈深色，经组织学检查，部分肝组织细胞已出现明显的密集、增生；有些肝区的细胞比正常细胞大，出现许多空泡，而这些空泡分布甚广，尤以肝组织表层为多。

（4）治理措施

病鲟治理措施是强化保护鲟鱼资源的一项重要基因工程，特别以水生珍

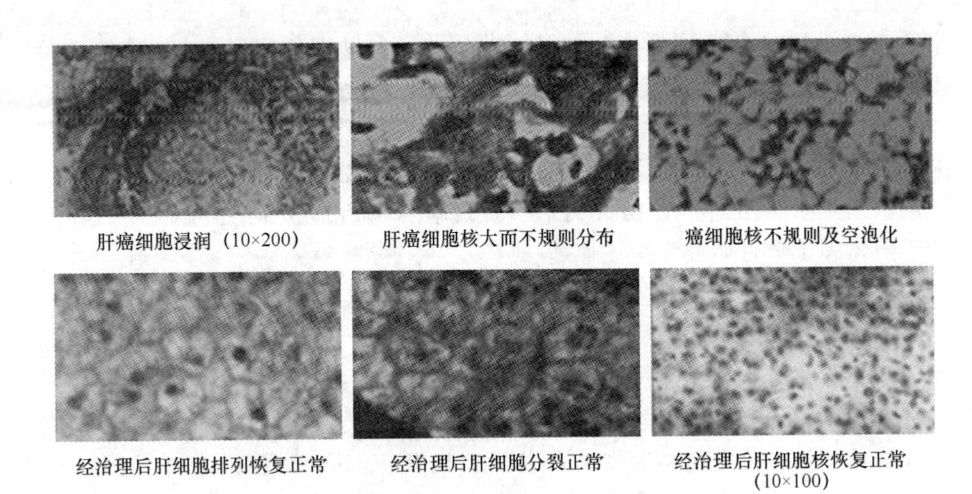

图 3-2　中华鲟肝癌症状及治理后恢复正常肝脏细胞解

稀活化石鲟鱼为例。在中科院细胞生物学研究所肿瘤专家王衡文教授及病理学家周希勋教授的指导下筛选了野生植物长青果提取物为治疗药物，以0.15%比例配入制成人工配合饲料投喂，持续投喂85 d后获得十分满意的效果，使病鲟逐渐增强体质，最终恢复健康，其存活率达87%，较未用药病鱼成活率提高1倍多，几乎与健康的对照组相同（表3-5）。

表 3-5　应用本剂治疗中华鲟幼鱼病鱼与正常鱼比较试验结果

组别	放鱼尾数（尾）	均长（cm）	均重（g）	添加剂量（%）	饲养85 d鱼成活尾数	成活率（%）	评级
病鱼Ⅰ	200	21.10	33.70	0.15	174	87	3
病鱼Ⅱ	200	20.25	35.0	0	86	43	4
正常鱼Ⅲ	200	30.10	40.0	0.15	194	97	1
正常鱼Ⅳ	200	31.20	52.0	0.15	190	95	2

此后在广东顺德、江门、高明及湖北宜昌中华鲟研究所等均用本剂于生产养鲟中使用取得好评，如宜昌中华鲟研究所肖慧主任以本剂培养2万尾鲟鱼种比对照组平均增重达3倍以上，且养成鲟鱼体质结实、健壮、活力增强。

（5）初步评价

鱼类癌症问题已引起当今国内外有关部门的高度关注。早在1983年英国农渔业食品部（FAFF）专门组织调查泰晤士河口鱼类肿瘤病，并已查明患病率达 80%。1984 年美国野生动物保护学会做了大量的鱼癌病调查，亦查明美国 Blck River、纽约 Buffalo River 及 Hudson River 等河流鱼类患癌率达 30%，而我国长江下游某区幼鲟患癌率达 7.7%，发病原因主要为水污染所致。据英国 Bulack 试验证明泰晤士河口鱼癌病与河中沉积物含大量 PCB 致癌物有关，他们试用其淤泥拌饲养殖 14 个月后，发现喂养鲟鱼有 3/5 患肝癌，将其淤泥涂于鲟体表 1 个月后便发生皮癌病。

中华鲟癌病的报道引发了国内外有关鱼类学家的高度关注。在我国中科院海洋所曾呈奎院士和中科院水生所刘建康院士于巢湖评议会上也给予很高评价。美国弗吉尼亚州大学野生生物资源保护系主任 Richara J. Neves 教授（2010）指明中华鲟癌病发现，对古生代活化石鱼类致癌基因密码研究，具有特殊意义；英国珍贵鱼类生物学会主席 T. R. Begananl 教授（1990）认为，中华鲟肝脏癌变的发现，在渔业科学上做出一项重大的贡献。为此还专门邀请了作者在英、美讲学及交流环保方面经验。

为消除水污染，加强保护鱼类资源，作者特提出以下若干建议措施。

第一，加强水域环境管理与建立鱼类预测警报系统。必须严格遵守环保法、渔业法及渔业水质标准等法规，以此改善和保护水域生态环境，防止污染。

第二，建立水生资源保护模式。在国内各大水域中因地制宜建立其有当地特点的水生资源保护模式，使水体物质、能量交换和水生物种群繁育维持生态平衡。

第三，加强综合预防措施。必须建立饲料的检测系统，杜绝污染物排放。同时也必须及时修订过时废水排放标准和渔业水质标准等，以适应现代科学发展的需要。

【注：本项中华鲟肝癌病理学研究报告，曾在 Lamcamster 大学召开国际珍贵鱼类生物学会（皇家）上宣讲并获 A 级证书。】

3.5 NBOA 防控鱼类肝脏疾病试验

肝脏是动物机体在物质能量代谢过程中具有重要而特殊功能的脏器。鱼类生活在水中，周围环境存在着很多可致肝病的病毒、细菌及其他代谢毒素，尤其在密养条件下，这种感染机会更多。加之人工投喂的饲料由于保管不善，如脂肪氧化、淀粉发霉以及长期在饲料中添加抗菌素、锌、铜等矿物元素，均会引起急性、亚急性或慢性肝病。鱼类患肝病后，轻者食欲减退，生长缓慢；重者死亡率可达 50%~60%。

对鱼类肝病的预防往往被忽视，待到病情严重、综合症状明显时，救治工作已十分困难。作者多年来在鱼病防治工作中接触到大量实例，发现养殖鱼类的肝病发病率很高，对生产的危害性很大，现将多年来的调查资料加以归纳，供鱼病工作者共同研究及参考。

（1）材料与方法

调查研究分两方面，一是观察病情，包括对疫区水环境及饲养方法调查；二是采样，对鱼病作组织病理学观察。按时间先后为序，调查点罗列如下：

1 号，1986 年 4 月，北京市水产科学研究所虹鳟饲养池；

2 号，1986 年 9 月，广州珠江水产研究所福寿鱼饲养池；

3 号，1987 年 7 月，吉林净月潭养鲤网箱；

4 号，1988 年 10 月，新疆红雁罗非鱼流水饲养池；

5 号，1990 年 6 月，江苏无锡大浮养殖场养鲫池；

6 号，1990 年 7 月，英国莱卡斯特（British Lancaster）养野鲤池；

7 号，1994 年 8 月，江苏无锡蠡园养殖场养鳊鱼池；

8 号，1996 年 6 号，美国蓝岭（American Blueridge）罗非鱼流水饲料池。

以上调查点的饲养鱼类规格：鲤、鲫、鳊、罗非鱼、福寿鱼的体长 14~20 cm，体重 90~300 g；虹鳟体长 25~30 cm，体重 350~500 g。样品鱼作体外、体内检查。体外检查参考英国学者 D. Bucke 等（1983）提出的指标，根据体表症状将病鱼分为五个等级。

一级，体表无充血、出血及蛀鳍等；

二级，胸部或腹部微充血；

三级，头部（包括鳃盖）充血，及腹部、肛门充血、红肿；

四级，背、尾及鳍充血、出血；

五级，全身各部充血、有炎症等。体内检查按常规解剖，取肝组织切片，在电镜下进行超显微病理观察、摄影。

（2）调查结果

1986—1996 年，作者先后考察北京、广东、吉林、新疆、江苏以及英国 Lancanstar 和美国 Blueridge 等 8 个养鱼单位。从搜集到的情况来看，肝病多发生在应用人工颗粒饲料的鱼池或网箱中，这与饲料质量及饲养方法有密切关系。但最终由病菌继发性感染，加剧病情，症状明显。

经解剖及组织学观察，对肝病病型分类。

①急性肝细胞坏死型

属于暴发性重型肝病。此型以 5 号（鲫）、7 号（鳊）为代表，其病情的来势凶猛，从肉眼发现到病鱼死亡一般仅 4~6 d；若水温高于 28℃会加重病情。病鱼游动不规则，有时侧游、有时翻转、失去平衡或呈昏迷状态。经解剖观察，胆囊膨大，呈深绿色或粉红色；肝色浅淡或带黄色，肝实体浊肿。组织学检查，肝组织有大片自溶性坏死，出现弥散性病变，肝细胞核萎缩或溶化，细胞之间界限不明显；在肝汇管区附近分布许多网状吞噬小体，其周围的肝细胞解体，出现空隙，肝血管破坏，肝实体可见血点、瘀血。由于肝组织已失去正常代谢机能，肝门静脉梗阻，门静脉压力增加，胶体渗透压降低和肝淋巴液压增加，使体液平衡失调，从而引起体内不同程度的浮肿，甚至出现腹水、松鳞及眼球突出等症状。此病属急性感染，鱼的死亡率较高。

②亚急性肝细胞坏死型

此型以 3 号（鲤）、4 号（罗非鱼）为代表，其病情较急性为缓慢。鱼游动较慢，胆囊膨大，肝脏浊肿，严重时出现昏迷症状。组织血检查表明，肝细胞有成片水泡样变性，肝细胞变形，部分细胞萎缩；肝组织中央汇管区血管扩张、充血，有明显炎症，可见嗜酸性白细胞及颗粒增加。病鱼有腹水和松鳞等症状。

③慢性肝病型

此型以 2 号（福寿鱼）、8 号（罗非鱼）及 3 号部分鲤鱼为代表。病鱼体色加深、消瘦、食欲减退或停食，常慢游于水表层。解剖观察，胆囊膨大，呈深绿色或黄色，肝脏浊肿；腹水明显，肠道内少食物或无食物；体表黏液增加。组织学观察，肝组织有大批空泡化分布，肝脂肪变性，在电镜超显微结构观察下，脂粒浑浊变性甚为明显；后期，成片肝细胞萎缩，纤维化及结缔组织增加，即谓肝硬化期；肝尖出血，可见淋巴细胞。此型病期较长，常有陆续死鱼，累计死亡率甚高。

④胆小管型

此型以 3 号点的部分鲤鱼为代表，病变部位主要是胆小管及其周围发生炎症。病鱼肝叶的胆小管内上皮细胞增生，胆管内有假复层细胞排列；胆道内炎症、出血，以及由于上皮细胞造成胆上皮层脱落，出现空腔等症状。

⑤潜伏型

此型以 1 号（虹鳟）、6 号（野鲤）及 8 号（部分罗非鱼）为代表。在鱼体外观上无明显症状，经解剖可见肝色浅，略浮肿，胆囊膨大。组织学观察，肝组织中脂肪沉积并有脂质变性，有部分空泡化分布；由于肝实质水肿，肝内皮细胞（枯否氏细胞）受压挤等，肝实质机能受损。但此症状不稳定，若环境改善及饲养措施得当，可使症状消失，见表3-6对比。

表3-6 肝病病型分类

编号	鱼的种类	主要症状	评级	编号	鱼的种类	主要症状	评级
1. 北京	虹鳟	体外无症状	1	5. 无锡大浮	鲫鱼	全身各部充血	5
2. 广州	福寿鱼	体外无症状	1	6. Lancastar	野鲤	体外无症状	1
3. 吉林	鲤鱼	头部、肛门充血	3	7. 无锡蠡园	鳊鱼	背、尾充血	4
4. 新疆	罗非鱼	胸部微充血	2	8. Blueridge	罗非鱼	腹鳍充血	2

（3）防治措施

①江苏无锡大浮养殖场等对此类疾病的防治措施主要是加强饲养管理，开展综合防治。药物防治采取外用内服相结合的方法，外用应氏消毒剂，全池泼洒1~2次，每次用量1~1.5 mg/L，效果较好；内服药物为NBOA，复配增效剂后，均匀地掺混饲料中投喂，每日1次，连用3~4次，疗效显著。

②新疆红雁采取的防治方法是：漂白粉消毒水体，口服NBOA。药饵按1 000 kg饲料混合1.5 kg NBOA配比制成颗粒，以鱼体2%~3%的量投喂，每日投1次，连续投喂3~4次，其病情可得到控制。

③美国蓝岭水生动物养殖场采取的防治措施是：

做好水质管理：为保持良好的水质，配备水质自动检测仪和生物膜转盘。各养鱼池的水温、溶氧及pH值变化可通过室内荧光屏自动显示；而大型生物膜转盘可澄清水质，循环用水，起到防病的作用。

加强饲养管理：设自动投饲机，定时、定位、定量投喂颗粒饲料；为防止饲料氧化及霉变等，在饲料中添加0.1%维生素C、0.02%氯化胆碱及0.012%乙氧基喹啉剂等。

外用药物为过碳酰胺泼洒剂量0.7 mg/L。美国食品及药物管理部门于1994年8月提出，对鱼类病菌感染可针对不同鱼类及病菌使用15种免疫剂，如Biovax 1600、Biojec 1900、Vibrogen及Ermogen等。

④英国目前推广一种含T.O.塞莱乐等成分的药剂，它对细菌性溃疡病、烂皮病、肝病并发肠炎等有良好的预防作用。其使用方法用高氯酸锶拌饲内服也很好（表3-7）。

表 3-7　T. O. 赛莱乐使用方式与免疫持续时间

项目 / 使用方式	预防百分率（%）					
	第 1 周	第 2 周	第 4 周	第 6 周	第 8 周	持续天数
注射	30	80	95	95	95	300
浸浴	0	10	-	60	70	>300
口服	0	0	-	20	70	>300

在鱼类的肝病发生中，常伴有败血症、肝性脑病及继发性病菌感染等，因此在治疗中应用过硫酸氢钾复合剂全池泼洒也很好。实验显示，其杀灭鲑气单胞菌的有效量低于 0.1 mg/L。

鱼肝病潜伏期也常伴有车轮虫、小瓜虫等寄生虫。美国蓝岭水生动物养殖场使用硫酸铜或其螯合物来处理，其用量依水的总碱度而定，例如水的总碱度为 40 mg/L 时，硫酸铜浓度为 0.3 mg/L；总碱度为 250 mg/L 时，硫酸铜用量要达 2 mg/L 方有效。

应用生物活性物质 NBOA 预防动物的肝病已成为当今国外高科技研究领域中的热点之一。在国内，有一种新型的 NBOA-2 生物活性物质对预防鳗、甲鱼等出血性肝病有明显作用。该物质由植物中提取的活性素，使用量少，每吨饲料中添加 50 g 即可；其主要作用机理是提高机体免疫力，清除体内自由基，抗菌抗病毒及调节肝脏代谢功能等。

3.6　NBOA 对鱼类外感受器及其行为影响试验

据美国科学家家 Ignarro 等（2000）指明；一氧化氮 NO 是一种新型遍及整个神经系统传递信息分子、效应分子及免疫分子的重要生理病理学活动，所以它包括机体头颌、口腔及例感系统的外感受器官，本试验乃设计探讨 NO 在鱼类外感受器对外界水污染的应激行为影响。

（1）材料与方法

供试的鲢、鲫来自无锡渔场与镇江附近长江水域中养鱼网箱内，鲢、鲫的平均体长分别为 3.1 cm、1.5 cm；平均体重 0.61 g、28.5 g，试验前经室驯养。试样时的水温 21~26℃。pH 值 6.5~7.5. 总硬度 6~7。

试验装置采用 TL 型鱼类回避槽，操作方法见 TL 回避槽常规试样方法。

试验采用药物是渔业常用药 30 种，分三类即灭菌类、灭虫类及清塘类。其中灭菌类有 NO 复合物Ⅰ、Ⅱ、石碳酸、重铬酸钾、磺胺甲恶咪、磺胺嘧啶、磺胺脒、漂白粉、黄连素计 10 种。灭虫类有硫酸铝、福尔马林、硝酸亚汞、醋酸亚汞、硫酸锌、硫酸亚铁、西维因、敌百虫计 8 种，清塘类有五氯酸钠、贝骡杀、氨水、砷盐、鱼藤酮、巴丹、苯胺、生石灰计 8 种。另计还有硫酸铜、溴汞、次氯酸钠。

钠、氧化钠四种药物，观察鱼类回避反应中其体表车轮虫寄生的存活情况。

（2）试验方法

试验药物的浓度用稀释法制配制，先配贮备液，在稀释于 40 L 以上的水桶内：并用同样器皿的清水作为对照水源。调节试验槽流量，每组保持 500~600 mL/min 的流量。

试验分两组：一组直接观察、记录试验鱼对不同药物的行为反应情况；另一组结合观察鱼体表（特别是鳃部）的车轮虫活动情况。组织学检查取试验鲫的上颚及唇，于波恩氏液中固定，然石蜡包埋切片，厚度为 5 μm，苏木精及伊红染色，显微镜摄影观察味蕾结构。

（3）试验结果的数据处理

每次放鱼 10 尾于回避槽内，观察鱼的行为反应 20 min，记录在清水槽与药液槽中的游动状况及尾数，然后计算回避指数。

$$\text{回避指数} = \frac{E - A}{T} \times 100$$

式中：E——进入清水槽内鱼的尾数；

A——进入药液槽内鱼的尾数；

T——进入两个槽内的总尾数。

由以上计算结果表明：当鱼完全进入清水槽时，回避指数为 100；若鱼完全进入药液槽中，回避指数为-100；余既不进入清水槽又不进入药液槽中，回避指数为 0。

（4）结果

①鲢对 24 中药物的回避反应

实验表明，鲢对灭虫药膳醋酸亚汞、硝酸亚汞、灭菌药黄连素、重铬酸钾及清塘药五氯酚钠、鱼藤酮的回避反应最强烈（表 3-8）。

表 3-8　鲢对 24 种药物回避反应试验的结果

药物类别	药物品种	试验浓度（mg/L）	回避率（%）	药物品种	试验浓度（mg/L）	回避率（%）
灭菌药	NO 复合物	2.0	-100	NO 复合物Ⅱ		-100
		1.0	-100			-50
		0.5	-100			-10
	石碳酸	25.0	-100	磺胺嘧啶	200	10.0
		10.0	-60		150	-63.0
		5.0	14.2		100	-79.0
	重铬酸钾	100	50	磺胺脒	200	20.5
		50	11.4		160	-40
		20	-42.8		100	-50
	磺胺	216	50	漂白粉	0.1	-10
		200	46		0.01	30
		150	0		0.005	45
	磺胺甲基异噁唑	200	46	黄连素	0.30	100
		150	-60		0.20	95
		100	-33		0.01	-1.0
灭虫药	硫酸铝	1.50	20.0	硫酸锌	2.0	100
		0.30	-10.0		1.0	60
		0.05	-20.0		0.5	-33.2
	福尔马林	15.0	100	硫酸亚铁	20.0	74.1
		10.0	17.0		16.0	55.5
		1.0	-1.2		7.5	-10.5
	硝酸亚汞	0.50	100	西维因	10.0	40.1
		0.30	16.0		5.0	39.1
		0.05	-1.3		2.5	-13.4
	醋酸亚汞	0.30	100	敌百虫	9.9	32.8
		0.20	10.0		5.4	22.8
		0.01	-3.1		0.9	-10.9

续表

药物类别	药物品种	试验浓度（mg/L）	回避率（%）	药物品种	试验浓度（mg/L）	回避率（%）
清塘药	五氯酚钠	1.0 0.8 0.5	100 53.3 -100	鱼藤酮	0.15 0.048 0.001	100 100 -1.0
	贝螺杀	1.0 0.75 0.5	80 40 -60	巴丹	0.50 0.10 0.05	100 85 -25
	氨水	1.50 0.75 0.51	77.7 42.8 -33	苯胺	5.0 1.0 0.50	100 42 -100
	砷盐	20 15 10	75 66.6 33.3	生石灰	100 40 30	100 50 10

②鲢对硫酸铜等 4 种药物的回避反应及体表寄生虫的动态

鲢对硫酸铜、溴汞有明显的回避反应，表现为进入这两种药液支槽内的次数少、停留时间短，表明鱼体对铜、汞离子的反应很敏感，而寄生在体表（特别是鳃瓣中）的车轮虫则十分活跃（可见虫体有翻转、漂游等）。鲢在次氯酸钠、氯化钠含量分别为 0.19 mg/L 1%浓度时，反应较弱，似乎对氯有趋向性；经试验 15 min 后检查，鳃瓣中车轮虫数量减少。20 min 后虫体几乎全部脱落；仅有个别虫体还在微微转动，不久麻痹死亡（表 3-9）。

表 3-9　鲢对 4 种药物的行为反应及体表车轮虫寄生数量变动

药物品种	试验浓度（mg/L）	进入次数		停留时间（s）		回避率（%）	寄生虫数量变动
		清水	溶液	清水	溶液		
硫酸铜	0.51 0.32 0.02	6.4 3.6 4.8	2.8 3.4 5.0	323 257.6 191.2	26.4 60.4 200	98.5 80.1 2.9	+++ +++ ++

续表

药物品种	试验浓度（mg/L）	进入次数		停留时间（s）		回避率（%）	寄生虫数量变动
		清水	溶液	清水	溶液		
溴汞	0. 51	2. 0	3. 2	172	60	80	+++
	0. 32	5. 0	3. 0	144	75	15. 9	++
	0. 05	6. 6	6. 4	116	224	3. 8	++
次氯酸钠	0. 52	5. 4	7. 7	104. 8	244	-28. 0	-
	0. 19	8. 3	10. 3	88	204	-26. 3	+
	0. 02	9. 7	7. 7	251	118	-26. 1	+++
氯化钠	1%	7. 8	5. 6	287	10. 8	44	-
	0. 1%	9. 4	9. 4	207	97. 6	3. 3	++
	0. 01%	9. 2	9. 2	172	15	9. 2	+++

注：+++表示鱼体寄生虫多，++表示中等，+表示少，-表示无。

③鲫鱼味蕾细胞的组织学观察

鱼类回避反应的生理机制十分复杂，其味蕾为感受外界环境中化学物质的重要器官。

由组织学检查观察所知，鲫的味蕾分布甚广，不仅在口腔顶部的颚和口腔中的舌上，上下颌的皱褶区也可见到。

在正常情况下，鲫的味蕾呈卵圆形，直径大小不一，多数在 18～28 μm，其中有梭形的感觉细胞。梭形细胞的顶端有味毛和基部的神经末梢，专司感受外界环境中各种化学物质的功能，故名化学感受器。鲫在铜（硫酸铜）、锌（硫酸锌）、砷（砷盐铅）及汞（硝酸亚汞）等药物离子的渗透下，味蕾组织、黏液细胞组织及其他表皮组织均受到不同程度的影响（表 3-10），从而导致反应迟钝，甚至迷途。

表 3-10 味蕾细胞的组织学观察

药物品种	浓度（mg/L）试验情况	在不同处理时间中味蕾等化学感受器的结构变化情况		
		10 min	30 min	60 min
硫酸铜	0.001	细胞排列整齐，表皮细胞未见异常变化	上、下颌表皮细胞，未见异常变化	未见异常变化
	0.1	铜离子渗入上皮细胞中，少数味蕾出现水肿	表皮轻度受损，黏液的胞质及亚表皮受轻微损害	上皮细胞损害扩大，味蕾细胞出现空泡沫
	0.5	表皮、亚表皮开始融化，味蕾呈现糊化、萎缩	表皮开始脱落。味蕾萎缩加重	表皮细胞破坏，味蕾水肿扩大，空泡化增多
硫酸锌	1	黏液细胞水肿，味蕾萎缩，发生空隙	表皮溶化，脱落	味蕾细胞空泡化增多
	3	表皮脱落，产生残缺	味蕾胞质被逐出	空泡连成大空隙
	8	表皮、亚表皮及肌层受破坏	表皮出现残缺，结缔组织受损，呈崩解	味蕾胞质均被逐出，呈空腔状
砷盐	1	唇部表皮细胞水肿，黏液细胞、味蕾未见异状	味蕾呈现糊化、萎缩	表皮细胞有溶解、脱落症状
	5	表皮细胞溶化、脱落，有些味蕾空泡化	表皮细胞脱落增多，细胞间隙扩大	细胞裂痕扩大延伸至肌肉层，上皮细胞黑色素增多，空隙扩大
	10	表皮细胞脱落，味蕾萎缩	萎缩的胞质被逐出	黏液细胞与味蕾界限不清，出现许多黑色素
硝酸亚汞	0.001	表皮细胞未见异常变化	细胞未见异常变化	细胞未见异常变化
	0.01	细胞未见异常变化	细胞未见异常变化	未见表皮细胞异变，黏液细胞未见异变
	0.5	味蕾的支持细胞呈黑色，细胞出现空泡化	味蕾细胞破坏，胞质被逐出	表皮细胞呈大裂痕，空泡也严重

由表 3-10 可见，在硫酸锌、硝酸亚汞浓度分别为 8 mg/L 与 0.5 mg/L 时，经 60 min，鲫的味蕾便受到严重损害，其胞质被逐出呈空泡化，以至失去正常的感受功能。

(5) 讨论

研究鱼类对水中各种药物的行为反应关系到鱼病预防的效果问题。目前采用预防及治疗鱼病的方法有挂袋、瓜蒌、全池泼洒或投喂药饵等方式，如果鱼类对食用的药物迅速躲避，则所投药物不能发挥其疗效作用。试验表明，鱼类对各种药物的反应有很大差异，如对铜（硫酸铜）离子及黄连素反应较大，当水中铜、黄连素含量分别为 0.15 mg/L 与 0.30 mg/L 时，其回避率为 98.5%和 100%；浓度降至 0.32 mg/L 与 0.20 mg/L 时，回避率为 80.1%与 95%，其回避阈值低至 0.001~0.01 mg/L。故采用硫酸铜挂袋及黄连素药饵投喂，其疗效往往不理想。然而鱼类对 NO 复合物类漂白粉、次氯酸钠及石碳酸的反应则不同，在高浓度时有偏爱现象，它们皆喜爱进入高浓度区，尤其对石碳酸的反应更明显，当水中含量高达 25 mg/L，其回避率为-100%。国外学者 Stott、Buckie 及 Wilber 等曾用一种鳜鱼做实验，水中石碳酸含量高达 400 mg/L 时，仍见其游入，这与我们的试验结果是一致的。

鱼类对水中药物的回避反应有多种表现方式，一种是反应讯，如对硝酸亚汞、醋酸亚汞等，较少见迂回游动；另一种是在药物浓度区与之间反复的试探，从试探中迅速获得回避的经验。还有一类药物不易引起鱼类的回避反应，这类药物更适用于灭除寄生虫、细菌等病原体，故具较大的开发价值。

水中的化学物质对鱼类味蕾细胞的影响，国外有些学者早在 20 世纪初便开始研究，如 Strieek（1920）曾应用醋酸、喹啉等刺激鳜鱼味蕾，以判断它的辨别力。Hidaka 及 Yokata 等（1969）还用生理实验方法证明微量铜离子在几秒钟内就能破坏味蕾的感受功能。1985 年，由瑞典 Uppsla 大学动物生理学部的实验证明，若摘去鱼类的溴叶，破坏溴神经束和味蕾，便会丧失对化学物质的感觉能力。从 1982 年以来，笔者也着重观察鱼类的味蕾在其行为反应中的作用，实验证实了它的化学感受器作用。

本实验的结果显示，在鲢鲫对 28 种常用水产药物的回避反应敏感性不一，其强弱顺序如下：

灭虫药：硝酸亚汞、醋酸亚汞、溴汞、硫酸汞、硫酸锌；福尔马林、硫酸铝、硫酸亚特、西维因；敌百虫。

灭菌药：黄连素、重铬酸钾；磺胺、磺胺甲基异噁唑、磺胺嘧啶、磺胺脒；氯化钠、漂白粉、次氯酸钠、石碳酸。

清塘药：五氯酚钠、鱼藤酮、巴丹、苯胺、贝螺杀、氨水、砷盐、生石灰。

3.7 NBOA 对特种水产养殖应用

天然生物活性物质（Natural Bioactive Substance，简称 NBOA）是最新一类植物内源活性物质，也是国际上公认的有助于促进动物生理功能，调节机体平衡，增强活力的基源物质。近年来国外对此类物质的研究及应用正方兴未艾：在世界卫生组织（WHO）、联合国粮农组织（FAO）及欧美日等国家极为重视该类物质的作用，防止种种化学药物所造成全球性环境污染，以及人、畜、水产品种残留威胁人类健康。

（1）机制及增产功能

本项选用 NBOA——保健促长、护肝调理（Ⅰ、Ⅱ型）活性制剂，其为淡白色或淡棕色粉状物，易溶于水，有较强稳定性。其有效成分主要有参素、NBOA 前体物、氨基酸多肽类、酶类及配糖体等物质，这些在动物体内主要表现为：①积极参与机体组织正常代谢，促进生长发育和控制基础代谢所必需物质；②有助于神经和酶系统适应内外环境的应变，而增强及抗逆能力；③能刺激免疫系统及激发体内巨噬细胞的吞噬功能。如在实验鳗鲡的检查结果表明，对投喂本剂 0.1%于组织中吞噬体的显示率较对照组增加 5.5%；实验组鳗体内血清总蛋白量较对照组提高 8%以上。在 1997—2000 年 5 月期间我们已先后推向全国主要养殖区应用本剂的水面积达 10 万余亩，其中既有鲟、鳜、鲈、鲴、鳟、乌鳢、斑鳢、蟹、虾等名特优种类，一般投喂本剂饲料 3~7 d 后，鱼类食欲明显增加，生长加速，并可使成鱼产量提高 9%~31%，鱼种产量提高 1~2 倍，甚至超过 3 倍。例如 1998—1999 年在陕西西安、广东江门、顺德及江苏江阴、宜兴等仅用于养鳖量超过百万余只，其生长加速，体重长至四五百克时群体间互交现象，表明生命力强、成活率高，尤以培养幼鳖阶段为甚。

1999 年 5—11 月，江苏省吴江市一家饲料厂生产含本剂的虾饲料，并在当地 4 千余亩养虾池使用，他们除普遍增产外，还防止了多年来屡见烂鳃及胰坏疽等虾病发生。此外在广东、福建及江苏等一些养殖场，由于连续多年使用本剂已基本上控制了出血病的发生。

（2）控制寄生虫病

①鱼类孢子虫病

此病是当今国内外重大难题之一，特别是脑黏体孢子虫病流行于欧、美等诸国，至今尚未彻底解决。

由于该虫体有坚硬外壳保护且深埋于脑组织中，故人们虽然采用各种化学药物，仍难以取得良好的防治效果。1998 年美国科罗拉多州大学有关科技人员首次采用 NBOA 灭虫Ⅱ、Ⅲ型生物活性剂设计三种方式试验：①选用未感染鲑鱼连续使用本剂，观察其免疫力；②选用初感染期的鱼种试验；③选用“老病号”鱼试验，此项难度大（因其已筑壳移于脑组织中），以便检验药效。试验期均为 3 个月。但他们仅进行 21 d 的切片检查表明，其结果令人非常满意。在各试验组组鱼体内虫体数与对照组比较，皆表明有大幅度下降，甚至连孢壳亦消失，美国著名鱼类病理学家 W・彼得及其同事对此试验结果表示非常兴奋。美国科罗多拉州大学 E・P・勃佳尔教授也认为，此试验的结果令人鼓舞；美国弗吉尼亚大学 R・J・纳弗斯教授称它为好消息，特致电表示祝贺。他认为应扩大试验，以证明中草药确是控制该病最有效药物，应在整个北美养殖场中应用推广外，在 1996 年、1999 年于江苏省南通养鳗场防治鳗微孢子虫病，无锡蠡园养殖场防治鲫鱼黏孢子虫病以及盐城-水产场防控鲢鱼体内孢子虫病等均取得良好的效果。

②甲壳类寄生虫病

此类病原主要有中华鳋、锚头鳋及鲺等寄生虫。这类病主要特点是：①传播面广，遍及全国，几乎无一渔场例外：②流行季节长，危害严重，它既是直接破坏鱼鳃及体表组织，引起炎症，又是出血病病菌的生物媒介；③病发病率高，病情缠绵，甚难根治。加之对常规防治药物如硫酸铜、敌百虫、灭虫灵、灭虫精等已产生明显的耐药效、药效减退。故对采用特效新技术势在必行。

为此。我们选用 NBOA（灭虫Ⅲ型）活性制剂，通过添加内服进入鱼体循环系统中分布，传送至体躯各组织中起到抑制体内外寄生虫，特别对大型中华鳋、锚头鳋及鲺有奇效，而对各种鱼类包括营独立生活的虾、蟹无害，具有极强的生物选择性；同时在内服后还可增强鱼体体质，提高免疫能力。故本剂适宜在鱼虾混养池，特别在大水面的混养中使用。这既保护水质，不影响天然食料，又可维持一两月，甚至达半年之久不复发病。

③蠕虫类寄生虫病

以指环虫、三代虫为代表。由于该类虫体分布广、危害严重尤其在鳗鲡中拟指环虫为甚。常用药有福尔马林 10~15 mg/L，或甲苯咪唑 0.5~1 mg/L，或高锰酸钾 3~5 mg/L 全池泼洒治疗。但由于此类药物的急性毒性高，使用中当须谨慎对待。

1999 年以来，我们选用 NBOA（灭Ⅰ虫Ⅲ型）活性剂进行口服结合外用防治鳜、鳗指环虫病收到良好效果。例如，2000 年 4 月在广东顺德、广州和江苏省吴江、无锡等专治疗鳜、鳗的指环虫病，其治疗率86%以上，特别对治疗蟹纤毛虫病效果明显。

（3）研究及开发前景

据报道：目前我国中草药已达12 807万种，其中含生物活性物质约3 000种以上。现仅利用近百种左右，水产畜禽的更少。因此进一步研究及开发NBOA资源的前景广阔、潜力很大。

由于天然生物活性物质的卓越功效，已引起国际有关学术部门的关注。在国外已摘登本剂报告有1999年9月英国《水产动物健康》、1998年11月法国《欧洲水产养殖》、1999年3月挪威《鱼类繁殖生理学》、1999年英国《鲈鱼养殖》、1999年10月美国《鱼类种群管理》，以及2000年7月在美国华盛顿召开的《国际鱼类内分泌会》也被通知选用本剂的论文报告。对此，有必要加强本项目的研究及开发，使其逐步走向世界。

2000年以前我国就已经认识NBOA，但当它跨入新世纪还是一门崭新的生命科学，在这门博大精深的生命科学中对它的了解还是甚少。例如在促进、抗病以及提高产品品质过程中其细胞内在密码——DNA是否被转基因NBOA以及识别、控制、其“基因变化”，将使我国水产养殖业适应于新世纪发展。

4. NBOA对鱼类抗病能力及生产效应的试验

天然生物活性物质在一些养殖场试用取得良好效果。现举例如下：

①鱼、虾类

1988年7月初天津市宝坻水产养殖场用于培育银鲫鱼种试验75 d，每日投喂含本生物活性添加剂0. 15%~0. 3%饲料的幼鲫，食欲异常旺盛，食量明显增加，其净重比对照组增重29. 62%（表4-1）。

表4-1　应用NBOA生物活性剂饲料对银鲫生长的试验比较

组别	试验开始情况		试验结果情况			增重倍数
	总尾数	平均规格（均重g）	总重量（kg）	均重（g）	净增重（kg）	
试验组	5 000	714	3 571	714. 2	352. 1	70
对照组	5 000	543	2 747	549. 4	269. 2	54

1997—1998年分别在江苏南通、广东中山及安徽等一些养鳗场应用含本

剂饲料投喂结果表明，对游动缓慢或初成“僵鳗”的鳗鱼有明显的开食作用。一般连用本剂饲养5 d后，其食欲开始增加，10~15 d后食用量可增加1~3倍。由于食欲旺盛，促生长明显，有些幼鳗池仅约两个月的养殖，其规格可达50 g/尾，较对照鳗的生长提高2倍多。

本剂对甲鱼、乌鳢、鲈鱼及银鲫等品种的应用结果表明亦有明显的促长作用，例如广东顺德市吉坛镇一特种水产场用于培育6万尾乌鳢鱼种，平均日长1.5 cm，陕西省西安市水产工作站等用于培养甲鱼可提高净重1倍多(表4-2)。

表4-2　应用含生物活性剂饲料对甲鱼生长成活率试验比较

池号	放养情况			试验结果情况				
	面积（m^2）	规格（g）	数量（只）	规格（g）	数量（只）	全池重（kg）	总增重（kg）	成活率（%）
1	4	90	80	172	80	13.76	6.56	100
2	4	110	80	197	80	15.76	6.96	100
3	4	90	80	131	80	8.908	2.788	85
4	4	100	80	138	80	8.28	2.28	75

1996—1998年在江苏南通、无锡分别用于养殖对虾及罗氏沼虾试验结果表明，试验组的成活率比对照组提高10%~30%，而且试验虾的体表色泽光亮，体态亦较对照组丰满、强壮。

②畜类（猪）

从1997—1998年10月由江苏姜堰市、天津市等三个养猪场共用143头幼猪做试验，平均每天幼猪为12.5 kg，进行分组饲养，应用本剂用量0.1%~0.3%拌饲投喂，经饲养62 d比对照组的平均增重12%~25%，其中天津宝坻一养猪场，仅饲养11 d比对照组平均增重10%，同时经添用本剂饲养的猪体健壮有力，精神焕发，通常饲养8 d左右猪毛开始转变稠密，粗黑发亮，有明显的光泽，且均多趋于肌肉型猪肉。此外，应用本品也可预防猪肝、骨病、出血病等作用。

③禽类（鸡）

从陕西西安一些养鸡与试验表明，应用本剂0.1%~0.3%比例拌饲投喂，其体重比对照组提高15%~20%，且其产蛋率也比对照组高得多。此外，应用本剂也有预防鸡肝、肾病、肠炎病及球虫病等效用。

④研究及开发前景

研究及开发应用 NBOA 生物活性添加剂的前景广阔，潜力很大。

本剂是取自天然绿色植物的纯天然产物。由于植物资源蕴藏量极大，能充分满足生产所需。

而且添加于饲料后易于被动物消化吸收，及体内迅速分布和传递，这既能增强机体体质及提高免疫力，又能维护动物的优良品质。

在预防鱼畜禽的疾病中可取代药物磺胺类、呋喃类及其他抗菌素，无副作用。

本剂食用后无残留、无三致（致畸、致癌、致突变）效应，可长期应用而无抗药性。

应用本剂成本低、方法简单、便于推广普及。

5. NBOA 在南美白对虾养殖中应用——白对虾亩产量突破 3 000 kg

NBOA（虾型）免疫促长剂于 1999—2000 年在苏、黔江及海南省应用其大面积养虾，其中海南、广西用于南美白对虾养殖水面积占 2 万亩左右，至 2001 年发展超过 30 万亩。该白对虾通常亩产量二三百斤，上海中鱼所养虾基地已结合运用综合系统的先进技术，建立了新模式，经试养 93 d 使亩产鲜虾已突破 3 000 kg，此乃养虾业上取得突破性进展，达到当今淡、海水养虾业的国际领先水平。

应用 NBOA 免疫促长剂时目前发展健康养虾增产、抗病的新技术之一，尤其反映在预防杆状病毒感染的肝脏白点病、烂腮病及保肝护肝方面具有卓越功效，现经初步整理简介如下，仅供参考。

5.1 机制及增产功能

由于本剂活性在动物体中主要表现为：①积极参与机体组织正常代谢，促进机体生长发育和控制基础代谢所必需物质；②有助于神经和酶系统适应内外环境的应变，增强体质及抗逆能力；③本品所含核苷酸是组成细胞 DNA、RNA 的基础物质，也是体内各种酶消化合成蛋白质的来源养料，不断提供更新营养源泉，大大促使虾体的生长、发育。从上海中鱼科技所于广西北海养虾基地和海南省雷州、海口、琼海等近万亩养虾水面的实例均予以证实。

5.2 提高体质，增强抗病能力

各虾场普遍反映，应用本剂的最大功效是提高虾类体质，增强抗病能力。例如 1999 年在大连经济开发区虾场中应用本剂量为 0.1%~0.3%情况下，其虾肝胰脏有明显的白色区，异于对照池中虾体肝脏浑浊（电镜检查，浑浊区有杆状体病毒），其成活率及个体增重率有明显的提高；2000 年在海南琼海、海口、雷州等约 1.2 万余亩南美白对虾投喂含本剂饲料表明，该地区虾的肝胰白点病及烂眼病几乎均未发生，较未使用本剂的养虾区的成活率有显著的提高。

5.3 提高品质及降低生产成本

通过广西、江苏、河南等一些养虾场应用本剂生产的虾品表明，其肉质结实，肌肉增多，仅使产品结实、健壮、虾体表色素细胞显现鲜艳、光亮及营养成分和鲜度增加，而且还证明适宜于远途运输，其运输成活率很高。另外由于本剂还可促进饲料中有些蛋白质氨基酸的转化（如赖氨酸的Σ-氨基结合性蛋白），便于虾体内消化吸收，提高饲料的转化率，从而降低养殖成本，提高收益。

5.4 研究及开发前景

由于天然生物活性物质在养虾业中效益显著，已引起国际有关养虾业者的关注，尤其在用本剂海水鱼或已移植驯化到淡水生长的南美白对虾养殖产量突破 3 000 kg 的大关，是当今养虾业上取得突破性的重大进展。这对我国沿海及内陆淡水地区养虾业来说是具有极大养虾的潜在资源和广阔发展前景。

该虾既适宜在沿海海水盐度 13~35 范围中养殖，又易经淡水驯化到全淡水水域内良好的生长、发育（一般经淡化 5~6 d 即可），故适宜于海淡水并举推广，是目前一项高效益特种水产品养殖最新举措。

6. NBOA 对水产动物抗病促长作用

自 1996 年以来，我们先后在江苏南通、山东青岛、辽宁大连及福建福清等一些养虾场进行了大面积虾病防治试验，现经努力，已有较大进展，取得大面积池养虾体达 12 cm 以上，最大达 15 cm，单产超过当地常规产量 150%。其主要经验除彻底清池，合理密度养殖及加强管理外，其中采用本添加剂是促进生长、预防疾病及提高产量的一项关键性措施，其优点如下：

6.1 增加食欲，促进生长

在虾饵中添加0.1%~0.3%本添加剂后有明显诱食及增加食欲作用。一般使用颗粒虾饵，特别加入有抗生素药物的虾饵必须经过饥饿才能涉食，但使用含有本添加剂的饵料虾甚喜吃，而且食量增加1/5~1/3左右，这不仅避免过剩饵料沉积污染水质、底质等环境条件，而且大大促进虾类生长，据1998年大连经济开发区的养虾场总结表明，饲养80 d，对虾生长的总产量比对照提高1.5~1.8倍。

6.2 增强抗病力

采用本添加剂的虾饵投喂，不但虾体透明、有光泽、健壮，而且不易感染疾病，即使个别虾池发病，其特点是比流行病期推迟20 d左右，且病情轻，病虾数量少，这对进一步预防及控制虾病在时间和空间上提供了余地。

6.3 增加肝胰功能

从服用本剂的对虾来看，肝胰脏颜色有明显白色区域，其面积大且清晰，而对照池中虾体肝胰脏往往产生混浊，白色区范围小而不清晰。据电镜查表明，这类有混蚀肝区虾体常可见杆状体病毒存在，而且还在诱发、增殖趋势。而服用本绿色添加剂绝大多数虾体未发现病毒病原体，即使在食道、肝胰处有少数病毒也未反映出虾体有任何疾病表现，这与有些天然海域中捕获斑节对虾之亲虾常有50%以上染有病毒而无病症表现一样。只有当外界环境恶化的情况下，它才会被诱发“激活”发生转移，扩散致毒，导致肝胰等组织损害，以至致死。综观上述，本添加剂对促进对虾生长，提高对虾抗病能力等有明显作用，我们将进一步深入总结，扩大试验水面，以达到理想健康养虾目的。

6.4 对甲鱼（鳖）生长试验

为提高甲鱼饲养成活率和生长速度，我们在1998年3月28日，采用“活力源”（Ⅱ型）生物活性添加剂试验，结果表明非常理想，使甲鱼苗种培养成活率达到100%；其增重率较未使用该添加剂的增加1倍多，而且还降低饲料系数，提高了经济效益。

（1）材料与方法

试验在1998年3月28日至4月28日于正贸甲鱼养殖场进行，试验品为纯黄河甲鱼，平均体重100 g，计800只分10个池，面积4 m^2 池中分别培育，每8 h定时用排风扇换气10 min。养殖水深0. 8 m，水温控制30℃左右，室温控制在32～34℃，水pH值7. 6。饲养前使用二氧化氯及石灰清池消毒。

饲养饲料采用苏盛鳗业有限公司生产的“苏盛”牌饲料，并加鱼油1%、玉米油2%，应用“活力源”（Ⅱ型）添加剂，共添加量按饲料比例的0. 08%、0. 01%、0. 12%、0. 13%及0. 15%。每天上午8:00与下午17:00分别投饲一次，饲料制软条状，置于食台上，于水上投喂，每周全面换水一次及清理消毒一次。

（2）结果与分析

从试验31 d的结果表明，试验组成活率达到100%，试验过程中未发生任何疾病。表现出甲鱼体饱满，有光泽、背甲光滑、裙边发达，生命力非常活泼强盛，但对照组成活率85%，从增重看，试验组每只甲鱼均重185 g，每只均重85 g，日增重2. 74 g，较对照组增重率增长1倍多。更主要是试验组甲鱼更具有强烈的食欲及极强的抗病能力，在相同的养殖条件下，不感染疾病，这是我们曾使用过其他十余种添加剂中尚所未闻的良好结果。

7. NBOA对鳗鲡抗病促长作用

1996—1999年应用NBOA复合剂分别在广东省中山县慈溪养鳗场与江苏省南通养鳗场试用。试用量均为0. 05%比例拌饲或制饲料糊米团连续投喂至成鳗起捕，其成活率达98%以上，特别是慈溪养鳗场养殖面积2千亩，从幼鳗到成鳗成活率几乎达100%，而且成鳗体态丰满，有光泽，活动力甚强。结合若干生物学试验介绍如下：

①采用热冲击与应激试验，以观察鳗体耐受力。具体做法用瑞士介绍的1-76培尔尼规定方法。使用特制32 L容量的圆环槽，注入清水放入鳗鱼，再开动阀门使水流24 cm/s进行0. 5 min、1. 0 min、3. 0 min试验观察试验鳗与对照鳗体力等情况。

②在养殖期内观察其生长，检查增重率。

③肝功能试验，肝脏肿大与正常肝脏的指数值-肝体指数比较。

④应用组织病理学切片镜检鳗肝细胞与对照鳗变化比较；取肝脏样品均用波恩氏液固及经50%酒精处理保存于70%酒精中。石蜡切片厚度8 nm，分

别用苏木精及伊红染色，然后制片镜检摄影保存。

⑤采用肝脏急脂测定，用抽提法取总脂以光电比色法与对照组比较。

⑥应用 EBOA Ⅱ型灭虫寄生虫试验。主要采自有寄生锚头虫鳗鱼，应用本复合剂以 0.1%～0.2% 比例拌入饲料内连喂 2～3 d 后与对照组比较，观察寄生虫或脱落情况。

7.1 急性应激试验结果

急性热冲击试验结果：急性热冲击表明，鳗鱼在基温 24℃突然上升至 30℃及 37℃条件下，投喂含本剂的鳗鱼对热冲击较含本剂的对照组的游水逆冲能力要强得多（表 7-1）。

表 7-1 服用含本剂的鳗鱼与未服用本剂的对照鳗应热冲试验

水流冲击时间（min）	试验组		对照组	
	逆水能力	游动情况	逆水能力	游动情况
0.5	强	正常	弱	顺水游动
1.0	强	正常	弱	顺水游动
3.0	略强	有吸水游动现象	微弱	顺水游动

应用本剂饲料与对照组生长比较试验见表 7-2。

表 7-2 试验组与对照组应用本剂饲料比较

组别	总尾数	总增重（g）	净增重（g/尾）	增重倍数
试验组	250	4 500	18	9
对照组	248	1 984	8	4

7.2 肝体指数试验结果

应用 Lokwood（1976）规定肝体指数（LSI）测定结果表明，采用日本鳗、欧洲鳗及美洲鳗三种均同时投喂含本剂的饲料连续饲养 30 d 起捕解剖测定表明试验鳗较对照鳗肝脏色泽正常，而对照鳗肝脏表层呈黄棕色或铅灰色，有微浮肿症状，见表 7-3。

表 7-3　三种鳗鲡应用本剂饲与含本剂饲对比试验

品种 服饲类型	服本剂饲料（试验组）	未服含本剂饲料（对照组）
日本鳗	2.1	3.28
欧洲鳗	2.0	3.9
美洲鳗	2.3	3.0

7.3　肝脏含酯量测定结果

鳗鱼肝脏含酯量测定试验样品分别取自长江丹阳江段天然鳗。人工配合饲料养殖鳗及人工配合饲料中添加本剂饲三种鳗体肝酯量比较表明，以采用人工配合纯饲料喂养鳗鱼总脂最高，占肝脏重量的21.25%，比天然鳗和添加本剂饲鳗鱼要高4~5倍，可见常见人工养殖鳗的含酯量甚高（表7-4）。

表 7-4　三种不同鳗肝添加本剂的比较

编　号	人工配合饲养殖鳗肝含酯均值（尾）	添加本剂饲料养殖鳗肝含酯均值（尾）	长江丹阳江段天然鳗肝含酯均值（尾）
1	21.25	2.25	3.45
2	21.10	2.26	3.42
3	20.34	3.83	4.25
4	19.20	4.10	4.40
5	19.15	4.17	5.10
总均值	20.20	3.32	4.12

①组织病理学检查：人工池养日本鳗经服用添加本剂0.15%~0.3%量连续喂养3周的结果表明，鳗鱼活动正常，体表有光泽。经解剖观察鳃呈淡红色，鳃丝整齐未见充血，肠道食物充满良好，胆囊绿色或浅绿色，肠壁绒上皮分布均匀；经组织学检查显示，鳃组织血管分布正常。未充血未膨大，未见充血等症状；肝叶小区肝素分布正常，肝中央静脉的窦皮细胞未见异常，未发现充血、瘀血症状，肠黏膜层小肠绒毛，排列整齐，未见炎症，有些个体还残留食物；大肠及肛门均正常。但经患肝肿大及有微略充血肠炎的日本鳗比较，肠表皮黏液和浓细胞增多，肌层变薄、肠表层组织有水肿症状，但分服用本剂0.15%~0.2%连喂10 d表明，肝组织和肠炎症浮肿消失，经21 d

检查日本鳗全池恢复正常。

②应用 NBOA Ⅱ型灭锚头虫试验结果表明，应用 0.15%剂量拌饲连喂 3 d，鳗体表和口腔内锚头虫 90%以上虫体色素变淡，经 7 d 脱落；应用 0.2%~0.3%剂量仅内服 3 d 虫体几乎全部脱落。

8. NBOA 在虾、蟹养殖中抗病促长作用

当今，一氧化氮（NO）免疫剂已在全世界各国广泛应用，在防治人类心脑血管等疾病方面起到卓越作用。但迄今尚未见在水生虾、蟹养殖中抗病促长报道。作者自 20 世纪 80 年代初开始调查研究，筛选纯天然植物制备，作为抗病促长的饲料添加剂，分别在粤、闽、浙、宁等一些水产畜禽场中试用，并取得甚佳效果，尤其在虾、蟹等特种水产养殖的效果更佳。试验结果表明，通常可提高成活率达 85%~95%，增产率 9%~31%，且其产品质量明显提高，颇受当地渔民的好评。现就在养殖青虾、河蟹方面应用及其结果，简介如下，供参考之用。

8.1 主要成分及其机制作用

本剂从纯天然植物中遂取的活性物质，主要成分为 *L*-精氨酸、*L*-瓜氨酸、β—褐壳素、花青素、维生素 B、维生素 E、维生素 C 及硒、锌等营养物复配植物性增效稳定剂。通过投喂进入养殖动物体内神经组织和循环系统的内皮细胞中，经一氧化氮合酶催化成多价胍氮离子，与氧合成渗透性极强的小分子 NO 物质。此反应迅速，于组织内仅几秒钟即渗入体细胞基因中，起保护染色体末端的端粒和端粒酶作用，还增强细胞免疫力和增长力，加速细胞分裂促进发育生长，以及加强清除体内有害自由基和代谢物。在机体内 NO 的作用是其他内源性抗氧化物的 1 000 倍。国外学者 N. B. Terenina 等（2000）及 A. Corte 等（2006）曾对虾、蟹等甲壳动物检测，表明 NO、NOS 能在水生甲壳动物体细胞内，起着抑灭被感染的一种副溶性弧菌和 WSSV 病毒作用。

8.2 增强食欲、促进生长

虾、蟹饲料中拌入本生物免疫剂 0.15%~0.2%，一般喂养 7~10 d，便可发现此饲料对被养殖的虾、蟹具有明显的诱食、增食作用。这与常规喂饲，尤其是添加抗生素饲料要经过饥饿才能摄入，而本剂饲料虾、蟹是非常喜食，具其食量通常还能增加 1/5~1/3。这不仅可避免过剩饲料沉积底质，带来水

污染，且还促进虾、蟹生长。据大连经济开发区反映，养殖对虾 80 d，可增产 30%～120%；安徽省巢湖市郊养蟹场，2011 年在郊区沼泽区东池放养蟹苗 1 300 只/亩，投喂本剂 0. 2%饲 8 个月，亩产 87. 5 kg，较对照池每亩 33 kg。养成吓、蟹个体大、体色鲜艳，有光泽，而且还耐运输。

为何虾、蟹喜食或抢食本饲料？对此江苏射阳洋河水产医药站于 2011 年还专门做过实验观察及生理学切片电镜检查。实验采用瑞士 1～76 Bem 型诱食水槽观察仪。实验表明，放入均重 0. 6 g 青虾于 1. 1 g 河蟹苗种，对含有免疫剂饲料的偏食率分别为 98%、95%，*L*-精氨酸 95%～96%；其次为苏氨酸为 45%、40%，骨糜 40%、30%，麦片 30%、20%，及对照组空白比较（表 8-1）。

表 8-1　青虾、河蟹对 5 种诱食行为反应表

食物品种	青虾偏食率（%）	河蟹偏食率（%）
含 2. 4%本剂饲	98	95
L-精氨酸	96	95
苏氨酸	45	40
骨糜	40	30
麦片	30	20
对照组空白	0	0

从实验结果看出，采用含免疫剂 0. 24%饲和 *L*-精氨酸饲两组的诱食力最大，其原因在于此两组食物易溶出一种化学易感应性物质从而诱导虾、蟹第一，而对触角感受器的快速反应，诱导摄食。日本获野珍吉（1987）称谓促摄物质，美国弗吉尼亚大学 Nevers 教授（2010）认为由卤化亚硝酰等含氮物质产生诱食作用。作者还解剖观察虾、蟹口器、触角附肢及头胸甲等表层纤毛结构及组织学切片，电镜检查记录虾、蟹第一、二、触角中，密布众多呈圆形，卵圆形的感受细胞，直径 6～13 nm，专司感受外界环境散发的食物、异物及种种化学物质，又叫“化学感受器”。据 Hidaka 等报道，一种美洲褐虾能侦查出浓度低于 8 mo1 以下的氨基酸，这与笔者应用 *L*-精氨酸试验的结果是一致的。

8. 3　抗病实施生物防治

生物防治是应用现代生物工程技术新成果，为动物体自身增强免疫功能，消除疾病，健康发育的有效方法。其中包括自身激发活化隐性基因和抗御细胞，神经调节，修补致效，达到自身健康养殖目的。

生产实践证明，本剂不仅能抑灭细菌、霉菌及寄生虫。而且还能抑制虾、蟹 WSSV、VHSV 病毒。例如，2011 年 4—9 月中旬仅在江苏射阳、大丰、兴化等计 3 万余亩人工养殖的水面中，有效地控制蟹、虾、鱼混养中蟹颤抖病、虾烂肢病及鱼出血性腐败病，在江苏吴江、无锡两地渔民反映，他们养殖虾、蟹的水面超过 4 000 亩，应用本剂后，一直存在的虾白点病、烂眼病或蟹环瓜病等大大减少，即使发现有个别染上此类病毒，应用本剂也很快治愈恢复。

值得提出，应用此剂能改变对虾肝胰颜色，由于带病的对虾肝胰往往呈现浑浊色，肝胰区缩小而不清晰。据电镜检测表明，已感染杆状病毒而且还在诱发增殖趋势，但经服用 0. 3%剂量的养殖对虾，实践证明，就可避免或减轻此病毒的感染。

(1) 提高质量、降低生产成本

通过各渔场反映认为，应用本免疫剂生产虾、蟹产品，其肉质结实，鲜味与野生虾、蟹一样。例如，在江苏无锡石塘湾连片池塘、沼泽地于 2012 年 2—11 月专养中华绒螯蟹，每亩放扣蟹 800 只，亩产达 84 kg，较对照池 36.5 kg 提高 1 倍多（表 8-2）。但关键在于养出蟹体有光泽，蟹壳坚硬，厚度增加。据测定应用本剂养成的每只头胸甲壳均重 5. 8 g，较对照池 4. 1 g 增重 20%多，表明试验组蟹食饲后的消化、吸收力强。当地反映蟹体“卖相”强很多。

表 8-2　2012 年江苏无锡石塘湾应用 NO 饲养中华绒螯蟹结果

编号	组别	面积（亩）	放养时间（年月日）	放养量（扣蟹放）	免疫剂量（%）	捕捞时间（年月日）	亩产量（kg）
1	试验组	8	2012. 2. 15	800	0. 3	2012. 11. 30	70
2	试验组	8	2012. 2. 15	800	0. 3	2012. 11. 30	84
3	对照组	8	2012. 2. 15	800	0. 3	2012. 11. 30	37
4	试验组	4	2012. 2. 15	800	0. 3	2012. 11. 30	80
5	试验组	4	2012. 2. 15	800	0. 3	2012. 11. 30	85
6	对照组	4	2012. 2. 15	800	0. 3	2012. 11. 30	42. 5

安徽省巢湖市郊区养殖场，2011 年在郊区沼泽湿地西池养蟹，每亩放豆蟹苗 1 500 只，日投含本剂 0. 2%饲料，养殖 8 个月，亩产 88 kg，较对照池增

产 34 kg。

2012 年江苏苏州许野关场养蟹，于夏季池塘普遍发生蓝藻水花病害，他们采用药物灭藻中均出现蟹中毒且有死亡现象，但用本剂饲养蟹池，均安全无恙。当地群众一致认为应用免疫剂养成河蟹体健，成活率高，规格大，可节约成本 20%~30%。

（2）加强种质保护，杜绝污染

我国河蟹种质资源丰富，通江河的沿海均有河蟹分布，并经 30 余年来大力开发养殖成绩显著，但对河蟹种质资源的保护重视不够，同时随工农业发展所排放未经完全处理废水日益增多，不仅危及虾、蟹、鱼等水产养殖业，且更严重地危害到水生种质资源的生存。

据统计表明，当今水产污染主要来自石化、采矿、冶金、农药、造纸及印染等行业。笔者曾多次专项观察及选用 300 余种无机、有机污染物，分别对蟹、虾、鱼等水生动物作毒性毒理学试验。从试验结果表明已有有机氯、有机磷、有机硫、氨基甲酸脂及拟菊酯类等毒物对蟹、虾的危害最大，甚至遗传于仔代的生长发育，濒临绝迹的危险。例如，目前在城乡广泛使用的拟菊酯药物，有人向湖内洒入针制品 1 mL 量，达 1~2 μg 浓度，就可致潜伏湖底的蟹、虾昏迷，或翻滚浮出水面致残、夭折，尤其在蟹、虾怀卵至孵化期间，易使胚胎发育迟缓、畸变及仔胎功能不全等影响（表 8-3 和表 8-4）。

表 8-3　10 种常见无机有机毒物对蟹虾急性中毒试验

编号	药名	青虾（mg/L）		河蟹（mg/L）	
		LD_{10}	LD_{50}	LD_{10}	LD_{50}
1	铅盐	0.5	0.9	0.8	1.2
2	汞盐	0.1	0.5	0.2	0.9
3	砷盐	0.8	1.2	1.0	1.5
4	七氯	0.05	0.08	0.08	0.1
5	毒杀芬	0.03	0.05	0.04	0.07
6	谷硫磷	0.05	0.10	0.07	0.20
7	敌百虫	0.07	0.1	0.09	0.20
8	甲胺磷	0.10	0.40	0.2	0.25
9	敌敌畏	0.05	0.08	0.08	0.12
10	拟菊酯	0.001	0.003	0.004	0.008

表 8-4　5 种药物对蟹虾胚胎毒性影响试验

编号	药名	青虾（mg/L）	河蟹（mg/L）
1	汞盐	0.1 胚粒不育，0.2 发白致死	0.1 胚核不偏，0.2 胚质发白
2	砷盐	0.2 胚质死亡，0.5 凝白	0.2 原生质死亡，0.3 空泡化
3	溴氰菊酯	0.01 胚萎缩 0.02 三膜死亡	0.02 怀卵死亡 0.04 怀卵死亡
4	氟氯菊酯	0.01 原生质变色发白 0.02 发白致死	0.04 出膜畸变 0.06 畸死亡
5	敌敌畏	0.01 空泡化，出膜畸化	0.1 空泡化，0.2 死亡

因此要严格执行国家规定，“地面水质标准”和“渔业水质标准”，实施健康养殖。

（3）研究及开发前景

深入研究及开发 NO 制剂前景广阔，经广泛调查研究认为，在我国重点选择以长江、珠江两三角洲渔业中心，用 NO 法建立无病区典型，以点带面逐点开发，为进一步持续健康发展我国水产养殖业具有重大的现实意义。

9. 应用 BNOA 防控鱼类大红腮疾病

近年来，在我国海南、粤、江、浙等许多淡水鱼地区暴发鲫鱼、罗非鱼等大红鳃病，其病来势凶猛，传染性高，死亡率一般约为 60%，有的几乎“全军覆没”，对养殖业造成严重威胁，作者对此采用天然植物中萃取的一氧化氮前体物预防和高氯酸锶方法治疗，取得了良好效果，现简介如下：

大红鳃病是当地渔农的俗称，是鱼体鳃瓣组织发生严重充血、溢血的症状。此病鱼类出血性败血病反应，它易在鱼体薄弱环节鳃丝部位显露。其病情来势凶猛，流行面广，加之水体病菌、病毒及腐质性有机物侵袭，死亡率一般在 60% 左右，有的几乎“全军覆没”，对养鱼业造成严重威胁。在 2011—2012 年仅于海南、粤、江、浙四省精养鲫、罗非鱼的损失惨重，尤其在 2012 年江苏省大丰、射阳、兴化等池养为甚。

9.1　病因及其机制分析

大红鳃鱼病属鱼类出血性病之一，其出血点集中于体表鳃瓣中显见，但在鱼鳃盖内表、腹肌层及眼眶等处有红色小点，呈斑状出血。经科研人员调查研究，探索诱发病因，检测生产实例，分离病原株及活体感染等结果，进行详尽分析认为，对引起此病因及致病途径有以下几种意见。

认为是生态环境恶化引起的，由于水质败坏、缺氧等原因导致病原体大量繁殖，感染鱼体，尤其以栖息于底层的鲫、罗非鱼为甚，加之水温适宜，促进病原体大量繁殖，从而破坏鱼体肝脏、肾、脾等组织；血液中红细胞被溶解，易在鳃丝部位渗透显露。据测定，该病原体在水底有机污染物种能存活 15 d，比一般肥水中水域的存活期要长 1/3，加之缺氧，致鱼体类红蛋白的含量由 110 g/L 降至 14 g/L，还对贫血性鲫鱼、罗非鱼极易感染出血性病菌，其感染的有液化产气单胞菌、嗜水气单胞菌、点状气单胞菌、极毛菌、嗜水芽孢菌棕色亚种以及屈桡菌类黏细菌等，其中尤其以一种具强毒的水肿型点状产气菌，可致鱼体出现水肿等症状。

认为此病由病毒感染引起的，有些学者通过一种精细的微滤器，滤去气单胞菌属细菌，并用电镜观察余下滤液，结果看到一种呈球形、直径 0.1 μm 的滤过性病毒，该病毒能致鱼神经系统及上皮细胞出现伊红性的颗粒体，若将这种滤过性病毒注入健康鱼体，不久即可发现抑制一种患弹状病毒感染，鱼体肝脏肿大，鳃瓣充血，显示出血病症状。

认为此病主要是液化产气单胞菌引起的，环境仅是致病的重要条件之一。据中科院微生物所等分离结果表明，属革兰氏阴性菌兼厌气性，最宜生长温度 28~30℃，对丁二醇脱氢酶、甘油、葡萄糖（产气）呈阳性反应，又据台湾大学鱼病专家刘朝鑫教授认为，该菌能产生菌体外毒素，显损害肝脏、肾、脾组织，又破坏鳃丝结构，致其产生严重充血、溢血等症状。

认为此病是由病毒与病菌共同感染所致，它们相互协调，促使病菌扩大感染传播直至死亡。

生物媒体作用，该病的迅速暴发及蔓延，与生物媒介物传播有密切关联，据作者做过实验证实，取病鱼池中藻类及鱼鳃上中华鳋等媒体物，进行培养分离出产气单胞杆菌，并接种于健康鱼体中，24 h 后发病。由此可知病鱼池内水中生物如轮虫、水鳋、藻类等有机生物通过换水、冲水至健康鱼池，也能感染此病。

人为干扰影响，在养鱼生产过程中，由于轮捕轮放等操作不慎，擦破皮肤鳞片，并将受伤鱼移置于每毫升含 1 000 个病菌的器皿中片刻，再转入已脱落鳞片或受伤鱼池中仅 12 h，该受伤鱼群便会发生出血病。

投喂过量含碳水化合物饲料，引发鱼体内糖、脂、蛋白质三者的代谢紊乱，失去平衡，从而导致鱼类患及高血糖、高肌糖及高肝糖症。从而奠定萌发出血病的物质基础。据调查天然水域中健康鲫鱼的血糖，均值 96 mL/kg、鲤 59 mL/kg，罗非鱼 70 mL/kg。但通过人工养殖应用的饲料条件下，其血糖值普遍上升，其中鲫鱼、罗非鱼的血糖均值增长 2 倍，明显呈高血糖、尿毒症及出血病。

9.2 防治对策

彻底清塘，要彻底清除池塘中多年淤积的有机塘泥，消除池中病毒、病毒等原体的附生基础。清塘药物最宜用生石灰，带水清塘生石灰用量每亩 75~100 kg，开塘的每亩需 30~40 kg。泼洒生石灰时要全面均匀，决不留有死角。同时在池塘四周堤岸上，也需均匀泼洒消毒。

加强鱼种、饲料及渔具的消毒。

在放养前，鱼种要用一元稳定性二氧化氯液剂消毒，用量 0.3 mg/L 浓度浸鱼种 15 min，饲料及渔具浸泡浓度 1 mg/L 15~20 min 即可。

预防大量实践证明，应用新型免疫剂一氧化氮前体物饲料添加剂，它能提高免疫力，增强体质，又能加速细胞分裂，促进生长发育。达到生物防治及促长目的。据数据表明，内服本品可提高鱼种血红蛋白含量，增加中性粒细胞和吞噬细胞的吞噬能力，增强机体的抗感染能力。

10. NBOA 对防控鱼类高血糖、高肝糖及高肌糖疾病试验

由于 NBOA 含有人参皂甙协同一氧化氮前体物能有效的分解多糖类淀粉双糖类蔗糖、麦芽糖及单糖、葡萄糖及其糖元等转化成脂肪、消化吸收排洩；同时本剂尚具促进 β 胰体细胞新生，提高胰腺分解消除，“三高病”隐患。

然而在我国当今主要水产养殖区还普遍存在着施用过量的高价的碳水化合物养殖，尤以饲养鲤种鱼类为甚。从而使鱼类生长发育缓慢、易患“三高”病害而带来出血性败血病和某些寄生虫病。那该如何解决，经归纳分析原因及解决方法介绍如下：

10.1 值得深思的重大课题

温家宝总理在考察农村时说过：“手中有粮，心中不慌。”这就是要求大家要高度重视和珍惜粮食。粮食也是发展水产养殖业最基本的物质基础。我

们作为水产科技工作者，对应粮食问题是否都有高度的认识呢？在我们各自的岗位上，是否都能高度珍惜粮食这个最基本的物质基础呢？这是值得大家深思的问题。当今，不少人在饲料粮成分含量的认识上进入了一个误区，认为养殖饲料含碳水化合物量越多，养殖对象就长得越快，生产效益就越高，并且这种认识流传越来越广，应亟待更正。由国内外学者公认的事实是：饲料中碳水化合物过多，不仅不会产生正效应，而且还会使养殖对象罹患高肝糖症、高肌糖症和高血糖症，引发代谢紊乱、鱼体自身污染、阻碍生长，既浪费了粮食，又降低了产量和质量。对此，全国水产养殖每年浪费损耗粮食是巨大的。

如何解决这个问题，其对策应该是减少饲料中碳水化合物含量，鲤鱼以不超过40%为度，鲑鱼最佳量为20%；添加NBOA生物活性剂及增加纤维素等其他成分，如南方使用水生凤眼莲、水浮莲、水花生，北方使用草炭等干品粉剂。

因此，调整水产饲料成分，降低水产饲料中的粮食用量，具有重大的现实意义。一是可以节约粮食和资金，维持养殖水域生态平衡。二是预防鱼病，增强鱼体健康，提高养殖产量。三是使用水浮莲、草炭等，变废为宝，促进健康养殖。四是通过降低水产饲料中的粮食用量，把节省下来的粮食和资金支援及扶助我国一些贫困地区农渔业的发展。一举多得的改革方案，何乐而不为呢！从实际出发，没理由抵制改革，应予以高度重视及关注。因涉及面广而大，应该进一步认知水产饲料调整成分比例的必要性，这无疑将是水产饲料业的一项重大的突破性的改革。

10.2　水产饲料粮食面临严峻的挑战

近年来，随着全球粮食储存量下降到较低水平，我国的绿色革命目前也遇到了严峻的挑战。中国农田面积仅占全球7%，却要养活全球22%的人口，近10年来中国粮食持续增长，从每公顷3.8 t提高到7.1 t。但现仅增长1%左右，此数字实在令人十分担忧。我们研究认为，要解决这个问题还须进一步依靠更多的科技投入，粮食同能源一样，必须实施增产节约及合理市场调控，这才是解决问题的关键措施。

渔业是农业的重要组成部分，但它是一家超级的耗粮大户。据统计，近年来我国海淡水养殖水面达575万余hm，养殖年产量达3 276万余t，投入大量的饲料粮食是获取如此高产稳产的主要技术措施之一，但目前存在的问题在于如何合理使用粮食，且今后的用量还有逐年增长的趋势。据有关部门的研究指出，由于采用的粮食是比鱼虾类廉价得多的商品，故用廉价粮来获取高价鱼虾是一项致富的有效手段，并通过市场经济调节，致使各地广泛采用粮食，此后也带来乱用粮、盲目性用粮，甚至滥用粮食等种种副作用，就连大家公认属于肉食性的鱼、虾、蟹、鳖等水生动物也添入过量的碳水化合物，其浪费程度可谓触目惊心。

众所周知，鱼、虾、蟹、鳖等属于水生经济动物，与畜禽类有很大差异。其体温低，基础代谢低，故对碳水化合物的摄食、消化和代谢能力均比畜禽低得多。据国内外有关专家的测定结果表明：鱼类所需的碳水化合物总量远不及畜禽的1/2，这是由于水生与陆生动物生理学特性所决定的。这种过量的碳水化合物的添入，不仅浪费大量的粮食，还增加体能压力，危及鱼虾本身的基础代谢，产生紊乱，发生疾病，降低产量，更重要的还在于有碍水生环境生态平衡。

此外，从我国水产养殖分布的主要区域来看，绝大部分地区是养殖鲤科鱼类，占水产养殖品种的80%以上。鲤科鱼类摄食碳水化合物的最佳含量为20%~40%，但目前的实际用量达到80%~90%，特别是渔民养殖几乎全部使用碳水化合物，如玉米、米糠、麸皮、大麦、山芋、酒糟等所谓精料，比按规定使用的碳水化合物要超标40%~50%，特别在各地的群众性养殖几乎均直接投喂粮食，不用人工配合饲料，其耗损程度可想而知。

10.3 摄入过量碳水化合物

鱼类摄入过量碳水化合物的危害问题，国外学者早有广泛研究和大量报道。1969年美国学者Philips、Mclaren，英国Ringrose及德国Buhlerz，1970—1990年日本野珍杏、早山万彦、古市政幸等均有专门研究。他们分别用鲤、鳟、鲫等多品种对比试验，结果表明，鲤用10%~80%含碳水化合物饲料中最佳含量为35%，鲑最佳量为20%，鲫最佳量为10%左右，若持续过量摄入碳水化合物，必引发阻碍生长及高肝糖症、高肌糖症、高血糖症，从而破坏肝、肾组织，使之浮肿变质，以致达到高死亡率。此后多年，德、法、意、以色列等许多养殖研究者也获得相同的结果，且一致主张不要过量添加碳水化合物，否则会得不偿失。

鱼类摄入过量碳水化合物为什么会引发高肝糖症、高肌糖症、高血糖及易损坏肝、肾功能，使之坏疽、浮肿，易患出血病，对此，综合诸位专家的意见认为，主要在于人工养殖条件下鱼无法选择其喜食天然食料的机会，别无选择地只能吃单一的、以碳水化合物为主的食物（表10.1和表10.2）。

表 10.1　饲料中含碳水化合物对鲤鱼生长影响的测定（美国 Buhler 等试验结果）

碳水化合物（淀粉）%		0	10	20	30	40	48
各项检查值	肝糖原%	1.04	2.16	3.12	8.01	9.99	12.1
	热效率%	27.9	30.8	29.2	25.2	21.7	20
	蛋白质效率%	1.65	2.19	2.37	2.34	2.26	2.27
	饲料效率%	20.6	25.7	44.6	43.8	42.2	42.5
	纤维素%	48	38	28	18	8	0
	平均增加体重%	2.3	3.6	4.45	4.76	4.93	5.08

注：各组中蛋白质脂肪量均相同，最佳量 20%组；30%~40%组，易患脂肪肝等。

表 10.2　饲料中添加碳水化合物对鱼类生长若干实例

养殖者或地区名	应用饲料中结果情况
美 Phillips	鲑鳟鱼碳水化合物最佳用量不超 12%
日本勇山文男	饲养鲤鱼碳水化合物最佳用量 40%以下
日本川合真一朗	鲤鱼饲料中可消化碳水化合物最佳用量 40%
美 Mclaren、英 Ringrose	饲料中鲑用淀粉，最佳用量 10%
中国望亭地区水产养殖主要用水草铺以麸皮、米糠等作饲料	养殖鲤鱼、鲫鱼等碳水化合物最佳用量 20%~35%；另 55%~90%用水生凤眼莲、水浮莲、水花生干品粉碎作纤维素加入甚佳，既增产又节省粮食；太湖水域营养化盛产水生凤眼莲、水浮莲、水花生，经晒干粉碎而得，数量大、来源方便
苏州东山 8 000 亩水产养殖主要用水草作饲料，云南弥渡地区水产养殖以牛粪为主，结合用水草等	

人工饲料，加上鱼类本身的消化机制对糖代谢受到多种生理限制，如缺 Gbpase、FDpase 及 GPT 和 GOT 等糖的强消化酶，尤以鲈形目、鳗鱼目及合鳃目等鱼类为主。其实鱼类就是不能消化过量的碳水化合物，转化成血糖、脂肪，患及脂肪肝病，丧失了体内的生理平衡，最后致病、致死。

投喂过量碳水化合物，对养殖对象可引发的病症主要有：

（1）高肝糖症、高血糖症

在天然水域中正常的鲤血糖均值为 59 mg/L、鲫 66 mg/L、鲑 70 mg/L、鳗鲡 99.4 mg/L；在人工饲料条件下过量摄食碳水化合物，而使血糖增长 1.2~3 倍，且明显呈现高血糖症和糖尿症等症状。

(2) 引发代谢紊乱症

由于糖、脂肪和蛋白质三者的代谢是相互影响的，尤其是糖和脂肪之间是相互转化的。但由于血糖过量，产生脂肪肝、挤压胞核胞质等，致肝、肾肿大，呈淡黄或淡白色，失去肝功能正常性的生理平衡，从而造成鱼体内综合性代谢的紊乱及其高血压症。

(3) 破坏鱼体内电解质平衡

由于高肝糖症可以破坏鱼体内电解质平衡，如过量葡萄糖可重新与体液中的钙、镁、钠等离子结合产生非离子介物沉积，影响体液循环，引发心脑血管疾病致死。

(4) 高肝糖、高肌糖、高血糖

所谓"三高"，是诱发细菌病毒及寄生虫等许多病原体的"培养基"作用。早在90年代，德国著名鱼病学家Schaperclaus对此指明其为多数出血性败血症发生的良好媒质，之后美国Brumner（1951）、Anlacher（1961）及俄罗斯Gonch（1965）均相继研究予以证实。由于体内糖分过高和其体表鳃部分泌物和排泄物，包括糖尿病均含有一定程度的糖分，据检查，有些好糖病菌和寄生虫（如蠕虫、甲壳类寄生虫）数量上比对照组要高50%~170%。

10.4 对策与建议

上述的糖代谢障碍问题，已引起当代国际上许多生物学家的高度重视，英国生物学家Harden和Youbg、意大利Fosmat及美国Markov等均纷纷做深入研究及对策。促进体消化酶（PEK、PGI、P6PDK、PGDH）及肝胰酶等作用，加速肝糖原和肌糖原转化为脂肪，以体脂形式储存，与体内有关组织细胞联合而生成结合物，如核糖、脱氧核糖、糖蛋白、糖脂肪以及合成非必需氨基酸等。

我国生物学家也致力于着重研究糖代谢障碍问题，并从筛选的绿色植物中提取天然产品NBOA生物活性添加剂，并经试用表明，其不仅有良好的抗病、促长功能，而且还能提高养殖品种质量和产量，大幅度地降低饲料中的糖类，可以大量降低饲料成本，会受到社会好评，主要表现为：

①增加肝胰功能、增强抗病力，是强化碳水化合物转换能量和脂肪及非必需氨基酸物质。

②增加诱食力、促进生长，特别是虾类养殖为甚，一般可比对照组增产品1.5~1.8倍左右。

③增强抗病力，使蠕虫类及甲壳类等寄生虫大幅度减少。

④提高鱼虾品质及大幅度降低成本、提高经济效益和社会效益。

有关资料显示，近年来我国水产饲料用量增长是惊人的，但若合理地利用，每年至少可节省50%以上的粮食，特别是中国主要养殖地区绝大部分饲养鲤鱼，要努力改变生产者大比例（80%~90%）添加碳水化合物的陋习。如何依照鱼虾食用碳水化合物的特性，严控添粮比例，及经配合选用NBOA生物活性添加剂，不仅可大幅度降低饲料粮用量和提高养殖对象的品质，减少病害，而且还可为国家节省大量珍贵的粮食，在保障粮食和食物安全上具有重大意义，因而在养殖产业中努力节约粮食仍有巨大发展空间，具有远大的发展前景。

11. NBOA清除鱼体含酚异嗅、异味试验

在天津市宝坻区拥有传统的池塘养鱼习惯，年产数万余斤的鲢、鳙、鲤等淡水鱼类，但由于部分养鱼水源遭受含酚废水污染，造成不少鱼类肝脏肿大、腹水，并使绝大部分鱼类有异味，不能食用。对此使用本剂1 t；以0.15%量拌饲投喂。初期试用水面100亩，由于效果明显发展到10 000余亩，使年产量较对照塘提高17%，苗种也提高20%。应用本剂23 d后鱼肝病恢复正常，45 d后鱼体均无异味，并由上级领导派专员予以证实。现将苯酚对鱼类急性、慢性毒性残留以及清除措施等介绍如下：

含酚废水是一种危害严重的工业废水，在工业发达的资本主义国家已成为污染环境、破坏水产资源、威胁人体健康的公害，也是世界上危害较大的工业废水之一。

产生含酚废水的工业很多，钢铁工业的焦化厂、石油化工厂、冶金、机械制造及印染料等工厂废水为其主要来源；塑料、油脂、炸药、农药、合成纤维、绝缘材料及医药卫生部门也排出不同数量与性质的含酚废水，废水量虽然不大，但其含量却惊人，有的危害达到40 000~80 000 mg/L。

含酚废水对鱼类的影响是多方面的，我们从1973年开始做了酚对鱼类及其他水生生物的急性中毒试验；1974年以后则着重于酚的慢性中毒、鱼体内酚的吸收积聚与排泄消除，此后结合养鱼生产方面做了一些试验研究。现将研究的初步结果，经过整理，汇总如下，供有关部门参考。

11.1 材料与方法

（1）急性中毒实验

采用白鲢、红鲤、草鱼三种。平均体长分别这3.11 cm、2.68 cm和

3.40 cm；平均体重分别为 0.24 g、0.22 g 和 0.75 g。实验时放养于圆形玻璃缸及阶梯水槽中。分别盛水 3 L 和 20 L。以精制苯酚稀释成不同的实验浓度。按常规生物检定求得的 TLm 值，实验水温 20~23℃。

（2）生长实验

采用白鲢、红鲤两种幼鱼，实验时移养于阶梯式水槽中，盛水 20 L，以精制苯酚制成 5 mg/L、3 mg/L、1 mg/L、0.1 mg/L 设对照的共五组，每日换配新溶液一次及分别投喂人工饵料。实验期分别 9 日与 22 日，实验水温白鲢 23.5~24.5℃，红鲤 17.0~20.6℃。

（3）嗅阈与味阈测定

采用红鲤为材料。平均体重为 208.7 g，移养于由人工配制 5 mg/L、3 mg/L、2.0.1 mg/L、0.01 mg/L 的苯酚溶液及对照的共六组，实验鱼定期捞出。切取一定量的肌肉、捣碎、加热、煮熟，以人的感官分无、极微、明显、强、严重等级检定。

（4）酚的积聚实验

以鲤鱼为材料。平均体重 202.7 g，实验时移养于阶梯水槽中盛水 20 L，并制成 5 mg/L、4 mg/L、3 mg/L、2 mg/L、1 mg/L、0.1 mg/L、0.01 mg/L 的苯酚溶液，水温 20℃以下每日换配新药液一次，水温超过 20℃一般换新药液 2~3 次；每日投喂饵料，定期捞出不同浓度的实验鱼，作鱼体含酚量的分析。

（5）酚的消除实验

室内实验用白鲢、鲫鱼为材料，平均体重分别为 0.12 g 和 10.0 g。实验时在含 18 mg/L 苯酚的溶液中分别处理 24 h，然后移养在无酚污染的清水中隔 1 h、2 h、4 h、6 h、8 h、24 h 捞出白鲢 10 尾和鲫鱼 3 尾，作鱼体的含酚量分析，观察其除酚效率。另外，还做了白鲢 40 尾，在相同苯酚浓度中处理 24 h 之后，移养于 4 L 的无酚水中，即每升水中有鱼 10 尾。间隔 1 h、2 h、4 h、6 h 又将鱼移养到相同体积的无酚水中，每次均测定水质的含酚量（总酚和游离酚），观察鱼的排泄酚情况。

室外实验系捕捞某渔场受酚污染的白鲢、鲫鱼及非洲鲫鱼。平均体重分别为 782.8 g、256.10 g、18 g。实验时先检测污染鱼种群的含酚量，然后分别移养于受酚污染较轻的（含酚 0.006 mg/L）及无酚污染的清水池中，定期检测鱼体含酚量情况，每次检测白鲢、鲫鱼各 3 尾，共计检测 50 尾。

水、鱼体酚的测定：水质采样 250 mL；鱼经过捣碎取样加无酚稀释到 250 mL。分别加磷酸及硫酸铜溶液蒸馏，收集蒸馏液 250 mL，应用 4-氨基安替比林色法测定。

11.2 实验结果

（1）急性中毒的实验结果

白鲢、草鱼、红鲢在含酚溶液中均首先出现兴奋。表现窜游、颤抖，以后游动逐渐减弱，以至呈昏迷状态。白鲢鱼种的忍耐力比草鱼、红鲤弱。共48 h TLm 值22.5 mg/L，草鱼48 h TLm 值为27.27 mg/L，红鲤48 h TLm 值为64.8 mg/L（表11-1）。

表11-1 酚对鱼类的致毒实验结果

品种	平均忍受限（TLm）		安全浓度
	24 h	48 h	
白鲢	31.25	22.50	3.72
草鱼	51.70	27.27	4.32
红鲤	64.80	64.80	19.4

$$安全浓度=48\ h\ TLm\times 0.3\ \left(\frac{24\ h\ TLm}{48\ h\ TLm}\right)^2$$

（2）生长的实验结果

白鲢、红鲤分别放于不同浓度的苯酚溶液中生长实验9 d与22 d，实验期虽然不长，但还可看到受酚的影响，酚浓度高的比浓度低的影响大，如红鲤在含2~5 mg/L的苯酚浓度中几乎没有增长，白鲢尽管有所增长，但仍比对照组的要低（表11-2和表11-3）。

表11-2 酚对白鲢幼鱼生长的影响

酚浓度（mg/L）	实验前平均体长（cm）	实验后平均体长（cm）	增长（cm）	增长率（%）
5.0	2.05	2.54	0.49	23.8
3.0	2.04	2.62	0.58	28.4
1.0	2.05	2.64	0.59	28.7
0.1	2.04	2.65	0.61	29.9
对照	2.04	2.78	0.74	36.2

注：实验水温23.5~24.5℃。

表 11-3　酚对红鲤幼鱼生长的影响

酚浓度（mg/L）	实验前平均体长（cm）	实验后平均体长（cm）	增长（cm）	增长率（%）
5. 0	1. 70	1. 70	0	0
2. 0	1. 80	1. 80	0	0
0. 1	1. 85	1. 90	0. 05	2. 7
对照	1. 80	2. 00	0. 20	11. 1

注：实验水温 17. 0~20. 6℃。

（3）嗅阈与味阈的测定结果

红鲤在含酚 3~5 mg/L 的水中，分别饲养 9 d 与 22 d，能使鱼肉引起严重的异臭与异味而不能食用，含酚量尽管由 0. 1 mg/L 降到 0. 01 mg/L 经 6 个多月后检查结果表明，红鲤肌肉仍然持有异味，而且异味一般要比异臭重。

（4）四酚积聚的实验结果

红鲤、黑鲤分别在较高浓度酚（1~5 mg/L），低浓度酚（0. 01~0. 1 mg/L）及低浓度酚和六六六混合的三种情况下，经过饲养结果表明，酚在鱼体内的吸收积聚开始比较迅速，以后缓慢，甚至平衡，性腺积聚肌肉酚的积聚量要高，并且因水温的升降而受到很大的影响（表 11-4 至表 11-7）。

表 11-4　酚对红鲤肉嗅阈与味阈的测定结果

酚浓度（mg/L）	实验鱼饲养时间（d）	嗅感程度	味感程度
5. 0	9	严重酚臭	严重酚味
3. 0	22	严重酚臭	严重酚味
2. 0	77	有强酚臭	严重酚味
1. 0	149	有明显异气	有强酚味
0. 1	44	有明显异气	有强酚味
0. 01	192	极微异气	有明显异味
对照	149	无异感	无异味

表 11-5　鱼类在含酚（1~5 mg/L）水中积聚的分析结果

品种	性别	酚浓度（mg/L）	饲养时间（d）	肌肉含酚量（mg/kg）	性腺含酚量（mg/kg）	水温（℃）
红鲤	雌	5	9	2. 163	5. 44	3. 8~8. 2
黑鲤	雌	5	9	2. 64	5. 92	3. 8~8. 2
红鲤	雌	5	9	0. 212	0. 56	20~25
红鲤	雌	5	9	0. 295		25~27
红鲤	雌	4	4	0. 406	0. 904	25~29
红鲤	雌	4	9	0. 870	1. 150	25~29
红鲤	雌	3	22	1. 212	2. 824	3. 8~8. 2
红鲤	雌	2	9	0. 960	1. 744	3. 8~11
红鲤	雄	2	14	0. 52	0. 443	15~17
红鲤	雄	2	21	1. 00	0. 793	17~19
红鲤	雌	2	26	1. 124	2. 144	3. 8~11
红鲤	雌	2	52	0. 28	0. 466	16~18
红鲤	雌	2	77	1. 166	1. 466	15~17
红鲤	雌	1	67	0. 466	0. 186	15~18
红鲤	雌	1	149	0. 704	2. 59	3. 8~25

注：水温：对饲养期长的指饲养后期的水温（下同）。

表 11-6　鱼类在低浓度酚水中酚积聚的分析结果

品种	性别	酚浓度（mg/L）	饲养时间（d）	肌肉含酚量（mg/kg）	性腺含酚量（mg/kg）	水温（℃）
红鲤	雄	0. 1	17	0. 163	0. 093	12~16
黑鲤	雄	0. 1	35	0. 116	0. 62	16~18
红鲤	雄	0. 1	86	0. 373	0. 039	16~18
黑鲤	雌	0. 1	108	0. 234	0. 28	16~18
红鲤	雄	0. 1	192	0. 15	0. 716	3. 8~29
红鲤	雄	0. 01	53	0. 206		20~25
黑鲤	雌	0. 01	127	0. 186		20~25

表 11-7　鱼类在低浓度酚与六六六混合含量中酚积聚量的分析结果

品种	性别	酚浓度（mg/L）	六六六浓度（mg/L）	饲养时间（d）	肌肉含酚量（mg/kg）	性腺含酚量（mg/kg）	水温（℃）
红鲤	雄	0. 1	0. 01	9	0. 14	1. 736	3. 8～8. 2
红鲤	雄	0. 1	0. 01	36	0. 094	0. 12	10～12
红鲤	雄	0. 1	0. 01	44	0. 206	0. 33	10～13
红鲤	雄	0. 1	0. 06	21	0. 093	0. 253	5～7. 5
红鲤	雄	0. 1	0. 06	47	0. 469	0. 116	10～13

（5）酚消除的实验结果

白鲢、鲫鱼在含酚 18 mg/L 的水中饲养 24 h 之后的检测表明，它们的含酚量分别达到 11. 40 mg/kg 和 5. 99 mg/kg。而饲料于酚污染的水中经过 1 h 后，白鲢、鲫鱼的含酚量分别下降到原来含量约 3/5 与 1/6 左右，但经 4～5 h 之后降低缓慢（图 11-1）。

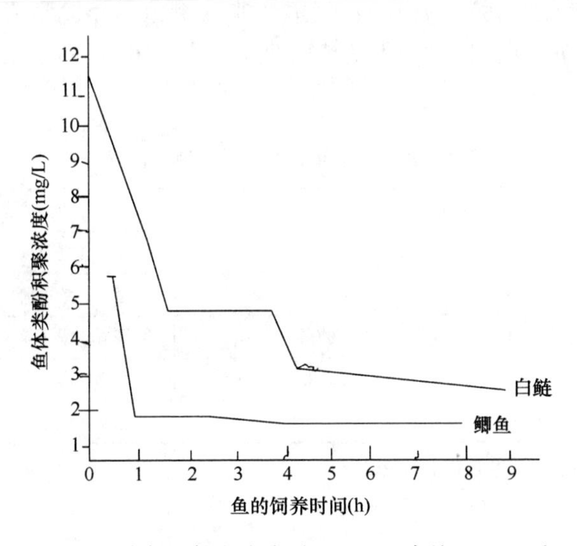

图 11-1　白鲢、鲫鱼在含酚 18 mg/L 中处理 24 h 后，
移入无酚水中，鱼体酚含量的变化

实验结果表明：白鲢在开始 2 h 以内排出体外的酚大部分是游离酚，部分是结合酚，但经过 2～4 h 以后，鱼排出的游离酚减少，结合酚相对的增多（图 11-2）。

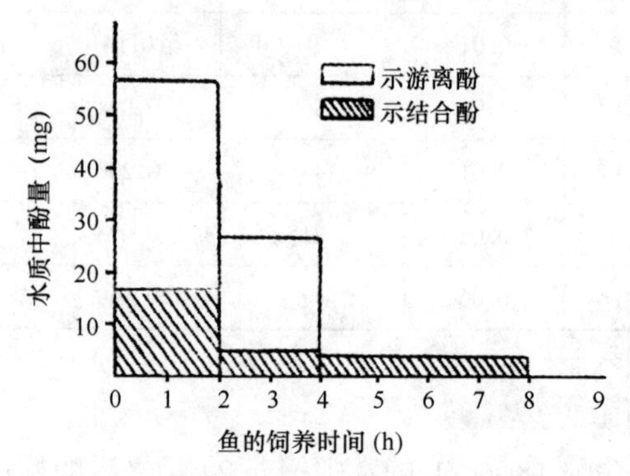

图 11-2　白鲢在含酚 18 mg/L 中处理 24 h 后，转入无酚水中、排出游离酚与结合酚的变化

采自某渔场受酚污染的白鲢、鲫鱼及非洲鲫鱼，经检测结果表明，含酚量在 0.1～0.38 mg/L，移养于无酚或含低浓度酚（0.006 mg/L）水中，其排除酚的结果表 11-8。

表 11-8　几种鱼类排出酚的测定结果

鱼品种	鱼肉含分量（mg/L）	移养水的水质状况	鱼肉含酚量变化	
鲫鱼	0.54	无酚水	经 3 d 酚下降	84%
鲫鱼	1.38	〃	经 3 d 酚下降	90.1%
鲫鱼	0.1～0.13	〃	经 6 d 酚下降	94%
非洲鲫鱼	0.4	含酚 0.006 mg/L	经 2 d 酚下降	6.4%
白鲢	0.117	〃	经 7 d 酚下降	14.5%

注：系放鱼笼内移于含酚水体中的积聚量。

（6）初步讨论

酚及酚类化合物是属原浆毒物，动物的中枢神经系统各部对酚化合物具有特殊的敏感性。据我们实验结果表明：白鲢鱼种在 40.0 mg/L 中 24 h 全部致死，31.25 mg/L 48 h 存活率 30%，48 h 半忍受限（TLm）为 22.5 mg/L。而且依不同酚类其毒性程度还有显著的差异。据报道，毒性较强的为对苯二酚，它对鱼类的致死量为0.2 mg/L，次之为苯二甲酚、邻苯二酚，对鱼的致死量分别为5~10 mg/L和5~15 mg/L。

鱼类生活在含酚水中受到的影响是显而易见的。根据室内的实验结果表明，白鲢、红鲤分别饲养在含酚0.1~5.0 mg/L中9 d和22 d，白鲢的生长率比对照下降6.3%~12.4%，红鲤下降8.4%~11.1%。

水中存在酚及酚类化合物，是鱼肉产生异味的主要原因之一，Thomas（1973）在报告中提到致鱼引起异味的酚阈限值为0.02~0.15 mg/L，氯酚为0.000 5 mg/L。我们的实验结果表明，红鲤在含0.01 mg/L的苯酚中饲养192 d，其内脏和肌肉部分有出现异味，而且异味的感觉比异嗅明显，我们认为主要是通过鱼鳃呼吸及体表的接触所致。

鱼体酚的积聚量与水温的升降有着密切关系。红鲤在低温时，其体内酚积聚量高，而当水温上升超10℃时，鱼体内含酚量则随水温上升而逐渐下降，酚的毒性亦相应的减弱，其原因我们通过初步的分析认为，主要在于鱼类及水中微生物，随着水温上升而增强其体内降解与排泄酚的能力。

鱼类排泄酚的速率比较迅速，Kunio Kobayashi等（1975）实验证明，金鱼在开始1 h之后可以排除体内含酚量75%，其后下降缓慢。据我们室内实验结果，白鲢幼鱼开始1 h之后排除体内含酚量约40%，鲫鱼为80%，至4~5 h之后下降速率渐趋减慢。

但是，还必须指出，采集于天然水域中低浓度酚污染的白鲢、鲫鱼，经我们多次检测表明，其体内的酚排泄消除有时不及室内实验的明显。

鱼类排除酚的方式在国外有种种看法，Maickel等和Brodie等（1962）认为鱼体排出酚是通过鳃的扩散作用；Adamson和Kunio Kebayashi等（1975）则认为鱼类吸入的外源酚，能够同体内的物质形成结合酚的形式排出。我们应用鲢鱼的实验结果表明，在开始2 h之内排泄酚大部分是游离酚，部分是结合酚，2~4 h之后游离酚减少，结合酚相对地增加，这种结合酚的出现，我们认为是鱼类吸收外部酚，在鱼体内与葡萄糖醛酸及硫酸等物质相结合。同时，也反映了鱼类有降解酚的能力。

酚及酚化合物在水体的指标问题，国内外对此有不少报道。苏联规定地面水含酚量最高允许浓度为0.001 mg/L；美国规定优质水源不允许酚存在，良好水源含酚量规定不超过0.005 mg/L；日本规定地面水含酚量不超过0.001 mg/L。据我们对酚实验结果表明，在含0.1 mg/L以上对鱼类生长产生不良的影响，0.01 mg/L使鱼肉带有异味，故为保证鱼品质量，我们初步建议，规定渔用水质标准含酚量应不超过0.001 mg/L。

12. 鱼虾类钙代谢与机体 NO 合成的关系

钙是鱼虾类必需的无机营养素之一，其总量约体重 2%左右，是构成骨骼、鳍条、鳞、外壳、肢节等主要成分，同时也是维持正常神经功能、肌肉收缩、血液生理以及促进一氧化氮合成 NOS、Ca^{2+}、CaM 等酶类必要的元素。

鱼虾类与陆生动物需钙的方式明显不同，陆生动物所吸收钙及其他矿物质绝大部分是从食物中摄取的，而水生鱼虾类主要是通过鳃（腮）及表皮组织从外部水环境中直接吸收钙离子；少量从食物中摄取的。据 Simkiss 研究证明，淡水鱼从水环境中吸入钙占体内总钙量 90%~98%，仅少量钙从食物中摄取，吸入所有钙均进入体循环系统中形成血钙，其表现有一种方式与血浆蛋白质结合合成蛋白钙；另一种方式呈自由性游离状态的离子钙 Ca^{2+}（或称游离钙），前者是不能移动扩散的蛋白结合钙，后者呈游离性随着血流分布到体内各组织中，始终维持全身钙水平的动态平衡。据 Copp 等观察发现在鱼体后鳃组织中，长有一种神经性的易察的“后鳃腺”细胞，其专门可分泌一种降钙物质，当血钙水平升高时便会降低钙含量，从而抑制体内骨细胞中骨质沉积异化。据调查表明：在天然水域中淡水鱼类体内血浆钙浓度依年龄、生长发育及性成熟等情况不同而异，通常在鲤鱼体内含蛋白钙浓度为 5.75~2.72 mg/L、鳗鱼 3.22~4.0 mg/L、鲟鱼 4.5~5.5 mg/L、鳉鱼 4.14~4.0 mg/L。从而已获悉有些鱼、虾类生长发育的需钙量；鲤日需钙量平均为 12.6 g、青鱼 28.8 g、鳗鱼 30.8 g、草鱼 26.2 g、团头鲂 21.4 g、罗氏沼虾 16.4 g。然而由于当今有些水域常因为污染或施用多种还原性饲肥料和渔药，从而破坏水体的生态平衡，造成钙等矿物质元素流失，严重影响水生物养殖。

水中 Ca^{2+} 与 NO 合成为机体内 Ca^{2+}CaM 是体内促酶的重要信使之一。在生理状态下，细胞 Ca^{2+} 稳态状，称为细胞钙稳态，在正常的细胞中胞浆的钙浓度为 0.05~0.2 μmol/L 方可参与一氧化氮 NOS 酶合成的调节辅助因子。从而调节神经中枢、心脏、肠道及肾脏等全身的血流量及血管疏解的应答信号，故具有极重要的生理效应。此外一种结构型合酶 NOS（Constitutive NOS, CNOS），同样属于细胞内钙离子依赖型，在正常生理状态下也能辅助激发 NO 的生成，游离钙存在是机体内的生理效应。

12.1 从贝螺类废壳中萃取钙、锶等矿物离子

据分析，甲壳动物废壳中含钙、锶、钴、镁等矿物活性元素约 30 种，氨

基酸类10余种，以及其他多肽、胶原等物质。这些物质大多数是鱼、虾、蟹等生长发育，提高免疫力及增强体质和抗病力的必需成分。如钙、硒、锶、镁、钴为鱼、虾、蟹长鳞和壳及骨骼等必要元素；锌、镍、磷等是神经系统和生殖系统的重要组分；钾、钠等则是体循环系统中的电解质，是维持生命活力不可缺少的物质，否则生命趋向萎缩、死亡。

近年来不少养殖者为追求高产量、高利润目的，应用模拟方法，复配若干矿物质，用化学药品替代。如用硫酸锌、硫酸铜、硫酸镁、氯化铁、氯化钴及磷酸钙等简单混合而成。殊不知，此混合药物的加入会带来不同程度的毒副作用，不利于水生动物的健康养殖。

12.2 酶化技术措施

蛋白酶是催化肽键水解酶类的关键技术。不同的蛋白酶水解情况有较大差别，然而，通过种种复合作用，终会使蛋白质复体组织迅速地依次水解为胨、多肽而成的氨基酸。

贝壳类是由20多种蛋白单体，结合碳酸盐组成性质坚硬的固体物，但经采用蛋白质酶和高渗有机溶剂复合作用，能迅速切开蛋白质分子内部肽键—CO—NH—，生成多肽类的胨、多肽及低肽等小分子物质，或经外界的肽酶效应而游离出氨基酸—NH—CH—CO—OR效应。

笔者所作的试验就是采用胰蛋白酶、木瓜蛋白酶及微生物蛋白酶等多种酶类，结合高效溶解有机剂而完成的。采用的工艺流程是：洗净贝壳→干燥→粉碎→离心过滤→加酶化反应→滤液合并液→喷雾→干燥→包装→入库保存。其中干燥喷雾的温度和流速为250~280℃和5 mL/s水准。

12.3 初步讨论

上述所得产品呈白色，细度均匀一致，无杂质存在。容易吸潮溶解，水中溶解物即为多种离子活性及多肽等氨基酸总营养物质，是促生长与发育，防治动物病害的无公害的保健产品。

其理化指标：砷（As）0.5 mg/kg，铜（Cu）≤10 mg/kg，铅（Pb）≤1 mg/kg。

为方便水产养殖鱼、虾、蟹、贝类等特种产品，降低成本，提高效益，2005年6月美国弗吉尼亚州大学Neves教授等研究表明，实用中可简化程序，达到速效目的。具体做法一是制成水剂：经过水解后的产物，不必经过干燥喷雾程序，可加入经盐酸酸化成微酸性的稀释溶液，然后加入5%CaH_2PO_4及

1%~0.5%$ZnSO_4$；二是制成粉剂：取全部水解物加入5%CaH_2PO_4及1%~0.5% $ZnSO_4$和$MgSO_4$，再加入沸石灰粉或陶土、滑石粉等拌匀，渗透至干燥为止待用。

以上二剂均可加入NBOA生物型添加剂5%左右，混合于饲料中应用；另可加入200~300 g NH_4Cl或NH_4SO_4或NH_4NO_3或100~150 g磷酸盐（如磷酸钙、磷酸铵等），经全部混合又可作促长肥水剂使用。

但是，近年来有的养殖者往往人工复配矿物质，结果适得其反，鱼虾生长是加快了，然而肝胰组织受化学物浸润，甚至坏疽显露，病入膏肓，故预防要从早开始。必须指出，目前人工混合$ZnSO_4$、$MgSO_4$、$CaCl_2$等药物方法存在种种弊端：①药品质不纯，杂质多，含水分高，尤以工业级的化学药品为甚；②该类药添加入饲料，通过投喂内服后水解等作用，虽然能迅速释放出鱼虾等所需的钙镁硒钠等阳离子，但同时也离解出SO_4、Cl^-等有负效应的离子根（组、团）。众所周知，在水环境中若发现有类阴离子根、团存在，即为水污染的重要标志之一。鱼虾等水生物若长期接触该类污染，会在其体表内富集积累，浸润损害其体内大分子细胞，如蛋白质、酶、胶原蛋白、大脑的神经递质、核酸及肝脾等细胞的核质变性。据实验测定，用此剂喂鱼，一般仅经一两个月的饲养便显露征兆：体背部灰黑色，瘦弱，发生鳃病、肝肿病，在鱼肝区水泡状增多，肝小体浮肿变形及易破碎，肝体也由棕红色渐呈乳白色或褐黄脂质，肠道分段发炎，肛门红肿等。即使采用多种消毒剂或内服抗菌抗病毒剂处理，也难收效。另以硫酸铜、硫酸亚铁、氯化铁等频繁泼洒，产生过多的硫酸根硫离子等，也将恶化水质。③在制作过程中忽略诸药物的综合毒性毒理作用。如加入铜、锌、锰等会显著增强毒性、而减弱或破坏饲料中蛋白体及脂质的消化吸收，若加入铜、锰等会产生颉颃反应，不利于饲料的利用率。④在添加物中还有加入伊维菌素、道拉菌素等药剂，也易使鱼类中毒毙命。

从甲壳类废物壳类中提取矿物活性素是排除人工混药产生弊端的一种有效措施，也为现今英美等发达国家流行的促进抗病的重要方法之一。在我国，农业部也已将此项目列入星火科研计划。笔者认为，开发此项有三方面的有利因素；一是我国甲壳类资源相当丰富，且在淡咸水域中皆有大量分布：二是甲壳中含有丰富的天然矿物元素，不仅元素的品种齐全，含量较高。而且几乎非一般人工（包括有些饲料公司）所能配制。三是甲壳类中含的矿物质属碳酸盐性质，经提取活化后，不仅满足鱼虾蟹的需要，还可解决水生藻类光合效应所需碳源问题（游离碳），也是肥水育藻的有效方法之一。

矿物质是鱼虾蟹生存不可缺少的基础物质，特别在幼体生长发育阶段为甚。然而鱼虾蟹类对矿物质的需要量究竟是多少呢？这要依鱼虾蟹的品种、生长发育阶段以及生长环境而论，最近美国、加拿大一些研究结果表明，鱼虾每百千克体重需钙的平均日摄量为 1 000～1 500 mg，锌、铜、锰为 2.5～10 mg，硒、锶、钴、钒为 0.02～0.2 mg 等，有的鲈形鱼类所需微量元素锶、钛等低至 1 mg 以下，但若缺少此类元素，会影响其神经发育促至致畸或生长甚为缓慢，此非一般人为所能配成，只有天然大型水域或天然甲壳类中提取物所含有的物质。

物质的所需量约 80%～90%乃通过表皮组织如鳃、鳍肢体等从外界水体摄入，仅 10%～20%从食物中摄取，尤以肉食性鱼类为敏感，从多年来使用矿物活性元素的经历也被证实。例如使用泼洒法（将它用水稀释后全池泼洒）的效果较内服法（它与饲料混合泼洒或制颗粒饲料）要好，特别表现在幼体养殖阶段更为明显。

需指明的是，鱼虾所需矿物元素是要易水解或离解呈离子状态，非离子态的如骨粉、羽毛粉及碳酸钙粉等，难被摄入吸收，即使用石灰水泼洒产生 $Ca(OH)_2$，实效也甚微。

影响池水矿物质量的因素很多，如放养苗种密度，投饵施肥，施用药物以及受工业废水污染等，但尤要注重应用表面活性剂如季铵类。PVP 及还原性草酸、硫化物等，它们极易螯合或还原水中 Ca^{2+}、Se^{2+}作用。

研究和开发此项目的潜力大，应用范围广，不仅限于鱼虾蟹等水产养殖上，而且在养鸡、猪、牛等畜业上也有良好效果，加之取材容易，生产方法简便，成本较低，具有广阔的开发前景。

13. 水产病虫害的抗药性与鱼病检查三要素

13.1 病虫害的抗药性

在防治鱼、虾、蟹等水产病虫害，长期反复使用同一类药物而引起药效减退或无效，出现这种现象在医药上叫“抗药性”或“耐药性”。近年来，世界各国对此非常重视。联合国世界卫生组织（WHO）和联合国粮食组织（FAO）还专门建立相应的机构研究对策。据报道：全世界至今约有 1 300 余种农渔业和卫生方面病虫害发生严重的抗药性现象。在天然条件下有些病虫抗有机磷药物达 2 700 多倍，在室内条件下有些抗药性高达 1 万倍。我国近 50

年来，在鱼、虾、蟹类方面病害的抗药性也相当严重。据初步统计，全国现在有一百余种水产药物中，约 80%以上种类已出现不同程度的抗药性，如有些常用的有机磷、氨基甲酸酯、拟菊酯及吡啉类等灭虫药已锐减甚已无效了。有些常用灭菌药如磺胺类、喹诺酮类及氟苯尼考等高疗效药物已趋微效以致无应用价值，而且该类问题群众的反应逐年增多。而带来单位面积或单位个体用药量急增和成本费用提高，引致生产率走低，以至减产了，从而使水产养殖业的进一步持续健康发展受到严重的挑战及威胁。

13.2 发生抗药性的原因与机制

抗药性是生物与化学药物之间相互作用的结果。抗药性程度一般采用敏感品系或初用药时的品系与抗药品系的毒力对比测定来表示。多年来，通过在江、浙、两湖、两广及辽吉等我国主要水产养殖地区调查表明，其发生抗药性的主要原因及其毒理机制的初步认识简介如下：

（1）长期反复地应用同一种（类）药物

种种生物有机体均具防御外界恶劣环境的本能，在一个不断受外界药物影响情况下，鱼虾蟹类的病原体，包括病菌病毒及寄生虫均会自然地产生一种抗药的保护性反应。例如，在我国传统养殖青、草、鲢、鳙等家鱼中，其鳃瓣、体表屡寄生大量中华蚤（蛆）、蠕虫及鱼虱等害虫，渔民就习惯用有机磷、敌百虫或硫酸铜与硫酸亚铁合剂杀灭；一般于 48 h 内虫体中毒被杀灭，但有些不敏感个体可忍受 144 h 致死。也有些虫体受虫毒后麻痹“假死”，却经 12~18 h 后苏醒复活，继续生存繁殖。这些不敏感虫体所衍生的后代基本上也不敏感。从而还逐渐扩大形成优势，成抗药性种群。这种种群形成一般均由于多年反复使用同一类药物的后果，另有车轮虫、鞭毛虫、三代虫、指环虫及锚头虫等，尤其以鳗拟指环虫和黏孢子虫等抗药反应更甚。为此，也有些渔民试着采用加大用药量或增加施药率等方法，也能取得短暂的灭虫效果，但最终还是使该药失效。

（2）施药技术不当引起

不正确的施药技术，不仅会浪费药物降低药效，且极易引起抗药性的发生，例如施药不匀或投药不准时，尤其采用全池泼洒多，浓度高，边缘部分特别在深水区施药少，浓度甚低，如常用黄连素、大蒜素以及漂白粉等仅微溶于水，其药液分布不均匀，这就为抗药性种群提供有利条件，尤其以虫体卵粒、卵囊和孢子等为甚。

（3）抗药基因引起

随着现代生物基因工程的深入研究和发展，许多国际细胞生物学家已逐步揭示生物病原体中形成抗药基因序列及其规律。英国学者 Sharples 等指出虫体胞质中所含线粒体（ATP）微粒 TTAGG WWP1 与 WWP2 基因的作用。在持续受药物刺激条件下，前者 P1 隐形基因变异为显性作用，使其增强了抗性效应和复增作用，即由一个基因复制成许多基因（拷贝），并使 Gene 转移扩大至不同染色体 DNA 中发生突变，进一步复制达到超强抗药品系，直至该药完全丧失灭虫机能；后者 P2 是体内原存在的抗性基因，从而也获得抗药性的协调作用。

2010 年由 Hoskiness、Sternber 等实验证实，有强抗药性的虫体体表层细胞趋厚，通透性降低，畜药力增加，以及解毒力、排毒力明显趋强。在 2011 年，Vinson 等测试表明：具有抗性虫体对有机磷反应较对照要增加 70 倍，有机氯和 PMA 分别增强 60%~80%，并经分析证明，其中含磷酸酯、羟酸酯等胱肽和微粒氧化酶等物质明显地积聚和增多。

13.3 抗药性的防控对策

（1）采用新型中药复合剂

采用中草药及其复合剂是保持药性长效的有效措施，由于中药一般不易水解分解等生化反应，具有抗药性，尤以多种中药复配组合为甚，并由大量实例予以证明。如 2013 年初至 2014 年 4 月由江苏自恒、福建水大场和农科院等单位应用中药萃取一氧化氢 NO 复合剂，分别于江苏建湖、射阳、大丰、兴化及福建福州、永泰、高山等，防治鱼类大红鳃、出血病与鳗拟指环虫、孢子虫、车轮虫等病害效果显著，并胜过甲苯咪唑和快螨特作用。

（2）添加增效剂

添加药物增效剂，既可提高药效，避免或延缓抗药性，又可扩大使用范围和节省生产成本，是当今完善和发展健康养殖的有效措施之一。

添加的药物种类很多，且依药性不同而异，如灭虫类的常用拟菊酯的氯氰菊酯、溴氰菊酯及氟氰菊酯等，加入微量的芝麻素，可提高药效达 31 倍。常用灭菌灭虫灭藻剂硫酸铜，加入适量的锌盐可提高药效 40%，或加入铵盐和碱性氯化物就成固态络合铜化合物，比常用液态络合铜灭活力提高 120%，而且易为保存和稳定安全，同时还适应于微碱性水体使用（硫酸铜仅立于中性或微酸性水）；水净化类药有采用三唑酮锌化合物，若加入环酸类药不仅能增加灭藻和水净化效果达 4~5 倍，还能杀灭小瓜虫、车轮虫及纤毛虫原虫，效果甚佳；在灭菌消毒类中二氯、三氯、漂白粉、漂粉桂及氯胺等加入少量卤溴化合物，可提高灭活消毒力达 4~5 倍（German Bayer, 2010）；清塘除野类，鱼藤酮和茶粕制剂，加入适量茶皂素和乙蒜素则能提高清塘率 60%~80%。

一些外用中药 NO 复合剂还能在鱼、禽、畜等综合养殖中防控流感。

（3）开展综合防控措施

要彻底清塘和合理投放苗种，以便改变病原体的寄生宿主，加强饲养管理和严格执行饲料消毒，以及定期检查病原体与抗药性关系的监测，在应用药物时还未发现有抗药性前，要经常轮换、交替或混合用药，以提高养殖成活率。

13.4 初步评价

当今我国是世界上拥有水产药物最多的国家，具有的品种量是英、美等国家的 3~4 倍，日本 2 倍以上。这些药物品种大多已经历 40 年以上，生产实践及积聚有极为珍贵科研成果。但是，随着我国水产养殖业高速发展，养殖水面扩大，养殖新品剧增，以及为适应新的生态环境资源需要，必须尽速审查整顿现行的水产药物使用准则，其中有保留或修改有些药物使用校准，删除有些不符合卫生要求或不符合国家渔业水质规定，或不利于水生物资源保护规定；同时还建议深入研究探讨药物管理与建立养殖动物之间预测警报系统，防患于未然。尚须加强水生动物“三致”（致畸、致癌、致突变）和行为反应研究，以及宣传推广、普及水生动物健康检查的原则，检查中枢神经系统、血液循环系统及肝脏组织部分，以适应当代水产科学的发展需要。

13.5 鱼病检查“三要素”

鱼病检查项目很多，面甚广，但笔者长期实践经验的总结表明，最重要的是必须检查三部位，所谓检查“三要素”即一查鱼大脑中枢神经系统中神经末梢密集的感觉细胞，如侧线、味蕾与头部两颌的感应细胞；二是查鱼体内特别是肝组织；三是查鱼类血液循环的血细胞等组成。在英国莱卡斯大学、美国弗吉尼亚大学等，主要重视检查肝组织，把肝组织病理学检查结果作为病理学的证据。

14. 在禽畜类（鸡、猪）养殖中应用

从1997年以来作者分别在江苏泰兴、姜堰、浙江台州、富阳、陕西西安、天津宝坻、山东济南及福建福州等许多禽畜综合饲养场分别应用BNOA生物活性剂饲养鸡猪试验。从试用结果指明：幼鸡到肉鸡增重率比对照组平均提高3.7%，母鸡下蛋率提高0.5%~7%；幼猪至成猪的增重率比对照组提高7.8%。同时饲料转化率和饲料系数也明显降低，而且，应用本剂可完全取代化学药物如磺胺类、喹诺酮类及其他抗菌素防控禽畜疾病，且无任何副作用。

本节介绍禽畜试验及其他生长应用部分资料承蒙中科院细胞生物学所王蘅久教授和浙江大学陈子元院士、詹勇教授提供，特表感谢。

14.1 NBOA与土霉素饲养肉鸡试验

从50年代以来，国内外许多禽畜饲养场常采用抗生素作为饲料添加剂，以防控饲养动物疾病及促生长发育，以提高生长率。但由于长期使用抗生素不仅引起病原体产生抗药性，且还造成饲养动物体内残留，直接危及人体健康，因而我们采用NBOA与土霉素作对照组比较试验结果表明，试验组较土霉素组的肉鸡成活率、增重率以及肉质成本均有明显的经济优势。从提供材料与方法表明，全部试验采用1龄健康肉鸡7 000羽，其中随机分配试验组2 500羽、对照组4 500羽，添加NBOA剂为667 mg/kg、土霉素60 mg/kg，两组试验环境条件相同，试验期连续56 d试验结果表明，试验组肉鸡平均增重率和成活率分别比土霉素组提高4.02%（$P<0.01$）和0.87%，料肉比土霉素组降低1.19%，见表14-1。

表14-1　56 d龄合肉鸡饲养试验结果

组别	初始羽数	成活率%	均重（kg/羽）	日增重（g/羽）	料肉比
NBOA组	2 500	95.36	2 400±0.077^{x}	42.18	2.32：1
土霉素组	4 500	94.49	2 309±0.100	40.55	2.35：1

注：$P<0.01$。

14.2 不同剂量的NBOA与杆菌肽锌等4种混合抗生素饲养肉鸡试验

由浙江省富阳饲料厂提供含杆菌肽新5 g/kg+痢特灵10 g/kg+土霉素

10 g/kg+莫能霉素 10 g/kg 等 4 种预混饲料与 NBOA 作对比试验。试验分 4 组。

第一组（150 羽）添加混合抗生素+NBOA 50 g/kg

第二组（150 羽）添加混合抗生素+NBOA 75 g/kg

第三组（150 羽）添加混合抗生素

第四组（150 羽）添加混合抗生素用于肉鸡前期 1~21 d

以上试验环境条件相同，持续试验 49 d 全部结束。

试验结果表明，试验 1、2 组成活率分别比对照组 3、4 组提高 3.5%与 2.07%，增重率试验 2 组比对照组 3、4 组提高 2.44%与 1.15%，而料肉分别降低 3.9%与 2.20%见表 14-2。

表 14-2 NBOA 与杆菌肽锌等 4 种抗生素饲养试验结果

组别	羽数	成活率（%）	均净增重（g/羽）	日增重（%）	料重比
1	150	98.67	2 016.8	42.91	2.25
2	150	98.67	2 042.6	43.46	2.22
3	150	95.33	1 993.9	42.24	2.31
4	150	96.47	2 019.4	42.97	2.27

试验分两组：1 组混合抗生素试用肉鸡 250 羽。

2 组含 1%NBOA+基础饲料。前期用 25 g/kg，中期用 50 g/kg，后期用 25 g/kg 饲喂。

两组试验环境条件相同，试验期全程 49 d，试验结果表明，肉鸡成活率比抗生素组提高 4.7%（$P<0.05$），料肉比和增重率差异不明显（表 14-3）。

表 14-3 不同量的 NBOA 与抗生素饲养肉鸡试验

组别	羽数	成活率（%）	净增重（g/羽）	日增重（%）	料重比
NBOA	250	98.00	2 356.9	48.1	2.01 : 1
抗生素	250	93.60	2 356.9	48.1	2.06 : 1

注：$P<0.05$。

14.3 含1%NBOA与4种抗生素预混料饲养肉鸡对比试验

试验分两组，第一组含1%NBOA组。第二组含杆菌肽锌5 g/kg+痢特灵10 g/kg+土霉素10 g/kg+莫能毒素10 g/kg等4种预混料试验肉鸡202羽，随机分两组，每组101羽，试验结果表明，NBOA组成活率比抗生素组提高6.9%（$P<0.05$），料肉比降低7.34%，净增重提高1.04%，见表14-4。

表14-4 含1%NBOA与4种抗生素预混料饲养肉鸡试验

组别	羽数	成活率（%）	净增重（g/羽）	日增重（%）	料重比
NBOA	101	92.08	2 135.0±91.2	43.56	2.02
抗生素	101	86.34	2 112.9±92.1	43.12	1.18

注：$P<0.05$。

14.4 NBOA对肉鸡血液生理生化试验

NBOA复合剂对提高鱼禽畜免疫力增强体质具有良好的作用。但对禽类血液生理生化方面如血液胆固醇、总蛋白和碱性磷酸酶等机理，当需深入研究甚至必要。1997年浙江大学詹勇教授等曾专题列入国家项目并作出满意的研究结果。其研究结论表明，NBOA于56 d龄肉鸡组中应用，其血清总蛋白较对照组提高11.08%，于公肉鸡血液中胆固醇含量较对照组降低19.4%；血液中碱性磷酸酶含量较对照组提高5.38%~41.86%，同时肉鸡体重也较对照组明显提高。

据资料表明，试验分两组。一组是用1龄苗鸡165羽，再分3小组，各组55羽试验NBOA 500 mg/kg+IBDV功毒，基础饲料+IBDV免疫，对照组基础饲料+IBDV功毒。

另一组肉鸡48羽，再分2小组24羽，试验基础饲料+NBOA 600 mg/kg与对照组。

以上试验期56 d后，抽取鸡翅部静脉血液检查。检查血质总蛋白用双缩脲法，血清碱性磷酸酶用磷酸苯二钠法，血清总胆固醇用酶类常规法。

试验结果表明：27 d全肉鸡的试验组血清总蛋白含量较对照组和免疫组分别提高12.9%（$P<0.05$）和5.92%；免疫组比对照组提高6.61%，35 d龄肉鸡（IBDV攻毒后）试验组血清总蛋白含量较对照组和免疫组分别提高7.63%和3.44%，免疫组较对照组提高4.05%，56 d龄另类肉鸡试验组血清

总蛋白含量较对照组提高 11.08%；胆固醇项目检测表明试验组公鸡血液中胆固醇较对照组降低 19.44%，母鸡较对照组提高 22.23%；母鸡碱性磷酸酶含量较对照组提高 41.86%；公鸡碱性磷酸酶含量较对照组提高 5.38%，同时 23 d 龄肉鸡净增重较对照组和免疫组分别提高 6.84%（$P<0.01$）与 8.38%（$P<0.01$），另外 56 d 龄肉鸡平均净重较对照组提高 12.73%（$P<0.05$）。

14.5 NBOA 对肉鸡抗应激试验

NBOA 对增强水产类鱼虾蟹等水生动物抗应激的效应甚佳，如抗缺氧、抗水污染及抗水温突变等。但对禽畜类抗应激力如何尚不甚清楚。1997 年著名营养学家詹勇教授采用一种艾维菌幼肉鸡 300 羽，随机分成 3 组：

Ⅰ试验组基础饲料+NBOA 500 mg/kg；

Ⅱ试验组基础饲料+NBOA 1 000 mg/kg；

Ⅲ对照组全用基础饲料。

试验喂养条件：采用多组占地 4 m^2，1~21 d 全鸡用全封闭不透外光，红外灯保温，室内温度均为 30.18℃；21 d 龄后每日上午 9:00 开窑再次昼夜关闭。42~49 d 龄平均日温 27.52℃，随着肉鸡日龄增大，室内氨气味和饲养密度增加。

试验结果表明，1~21 d 龄肉鸡正常育雏成长，其生长性能优于或近似于对照组，表明因饲喂 NBOA 剂而提高免疫力和体质，能相应适应热环境的变化。另外饲养 22~42 d 龄肉鸡于应激环境中生长，其成活率较对照组提高 3.2%~4.1%，日增重率提高 5.2%~11.5%（$P<0.05$），同时肉料还降低 4.6%~5.4%。表明 NBOA 具有一定的增强抗激力。

14.6 NBOA 抑菌作用试验

在禽畜水产养殖中长期使用抗生素饲料添加剂会使病原微生物产生抗药性。实际调查检测结果表明，现今应用氯霉素、青霉素及土霉素等防控鸡猪鱼等疾病效果甚低，甚至无效，而且抗生素在饲养动物中产生严重残留积累直接危及人身健康。因而深入试验研究 NBOA 抗病原微生物作用，将具有重大的现实意义。

据浙江大学预防医学组采用大肠杆菌和沙门氏菌为试验菌株应用不同剂量 NBOA 来观察检查其抑菌或灭菌程度。他们的试验结果表明 NBOA 具有一定的抑菌效果。大肠杆菌对 NBOA 敏感度在 1.25~0.50 mg/mL，沙门氏菌对 NBOA 敏感度在 0.156 3~0.039 mg/mL。

致病性大肠杆菌和沙门氏菌均是人类和养殖动物常见的肠道病原微生物，引起禽畜鱼等各种疾病屡带来严重的经济损失，因此应用 NBOA 生物活性剂抑菌有一定的实用价值。但我们长期实践表明，NBOA 和外用强氧化剂配合使用可达到事半功倍的效果。如用 NBOA 内服结合用复合过硫酸氢钾外泼洒灭菌灭病毒消毒则能达到杀灭病原微生物的目的。

14.7 NBOA 抗鸡病毒性疾病试验

当前养鸡危害最大的是病毒性传染病，如鸡新城疫、鸡传染性法氏囊病、鸡传染性支气管炎、鸡传染性喉气管炎和产卵下降综合性症等。但至今尚无良药和疫苗能彻底预防此病毒性疾病。

1997 年北京农业大学等曾协作试验研究提出应用 NBOA 综合防控措施并取得一定的效果。

试验分 7 组。每组用雏鸡 55 羽。1～4 组分别在基础饲料中加 NBOA 250 mg/kg、500 mg/kg、750 mg/kg 和 1 000 mg/kg；第五组 LBD（传染性氏卡病毒）免疫组；第六功毒不给 NBOA 组；第七不功毒不给 NBOA 组。

从七组试验结果表明，雏鸡发病率和死亡率较不给 BNOA 剂组均有一定的下降和减少，表明饲料中添加 NBOA 剂具有一定的抗病感染作用（表 14-5）。

表 14-5　NOBA 抗鸡病毒性疾病试验结果

组别鸡数（羽）	NBOA（mg/L）	发病率（%）	死亡率（%）	沙氏卡病变（例）	肾肿
1 组 47	250	21. 28	6	8	2
2 组 47	500	10. 64	4	4	1
3 组 47	750	14. 89	0	7	1
4 组 47	1000	25. 53	9	11	4
IBD 免疫组 47	-	2. 13	2	0	0
功毒不给 NBOA 47	-	38. 3	18	19	6
不功毒不给 NBOA 47	-	4. 26	2	0	0

14.8 NBOA 抗鸡球虫病的试验

北京农业大学等协作试验表明对 NBOA 抗鸡球虫病有一定的预防效果。

试验由中国农业大学提供一种柔嫩艾美耳球虫孢子化卵囊子为材料，选用56只蛋鸡分成7组，每组8羽。第一组不感染不给NBOA剂；第二组感染不给NBOA剂；第三组用250 mg/kg NBOA剂；第四组500 mg/kg NBOA剂；第5组750 mg/kg NBOA剂；第6组1 000 mg/kg NBOA剂；第七组用马杜控霉素作对照组，抗球虫病作用用抗球虫指数（ACLI）来衡量，按美国正常规定方法记录：用500 mg/kg球虫指数为151.9，具有一定的抗球虫病作用（表14-6）。

表14-6　NBOA抗蛋鸡球虫病试验

组别	鸡数（羽）	NBOA量（mg/L）	平均增蛋（g/只）	相对增重%	成活率%	病变质	ACI
1组	8	250	40.0	78.9	100	30	108.9
2组	8	500	41.5	81.9	100	10	151.9
3组	8	750	36.3	71.6	100	20	131.6
4组	8	1 000	28.7	56.6	100	25	111.6
5组	8	5	41.5	81.9	100	0	176.9
6组	8	-	37.0	73.0	100	25	108.9
7组	8	-	50.7	100	100	0	200.0

14.9　NBOA Ⅱ型在禽猪鱼的综合养殖中抗流感病及促长作用

综合养殖是中国传统养殖的特色之一，也是国家公认高效益的养殖法，即以养鱼为主，兼农禽畜牧业的综合性经营生产，例如在珠江三角洲和太湖流域以鱼虾蟹业为主，与种桑养蚕，养鸡鸭结合；湖南衡阳地区，闻名的种菜、养猪、养鱼三结合。实施互助互利达到共同繁荣致富目的，从而引起了世界卫生组织（WHO）和联合国粮农组织（FAO）的高度重视，称“中国特色”的养鱼法要推广，持续三十多年专门选派发展中国家的学员，每年来华研修学习，并获得高度评价。然而近年来在鱼鸡猪养殖中屡暴来势凶猛的流感性传染病，如鱼虾的出血性败血症、大红腮病、H7N9禽流感和H5N2猪流感病等，从而使该生产的进一步持续健康发展受到严峻的挑战及威胁。

根据作者最新研究防控该流感病害的效应显示，从中草药萃取一氧化氮NO前体物复合活性物质Ⅱ型有显著的防控效果，其性能与当今国内外常用的将病体隔离或宰杀注射疫苗，与抗力强种群杂交，以及利用转基因选育良种等方法比较，其实用效性高，操作简易，成本极低以及成活率高等优点，更宜于各地基层推广使用。

本剂成分主要含 *L*-精氨酸、多糖素、蒿楝素以及硒、锌、锶等矿物元素组成的。它经体内循环系统、神经系统等转化为一氧化氮 NO，激发 DNA 活力，与蒿楝素等复合剂增强协同力足以抑灭外源性侵入的致病微生物如病菌、病毒和寄生虫，这便异于 1998 年美国 J. Ignarro 博士曾用人工化学合成的 NO 前体物产品。现将本品性状及使用方法分别简介如下，仅供参考。

（1）防控禽流感病毒

据统计，全球每年爆发严重流感病例 300 万～500 万例。其中 25 万～50 万人死亡（WHO，2013 年 5 月）。由于各区域流感的病毒不断变异，新型变种呈季节性爆发。今在我国南方有的省份爆发 H7N9 禽流感病毒尤其最新发现有异变重配的对人有一定进攻性的 H10N8 种株便是一典型的例证，它由 4 个不同来源的流感病毒重组复配而成，故其结合的序列（基因）不甚吻合且呈不稳定状态，处于变异性趋势，但此类新型流感疫情仍属于正粘病毒科中 A 型流感病毒范畴。它是依流感病毒的血凝素蛋白（HA）的不同划分 1～16 种亚型，与依病毒神经氨酸酶蛋白（NA）的不同划分 1～9 种亚型，两种不同的亚型相互组合形成达 144 种相异的流感病毒，其中 H7N9 禽流感病毒是属于急性传染性的禽类传染病。此病毒潜伏性短，发病快（几天至十几天）呈突发性暴发，体温上升，致禽死亡率高，有的高达 90%，为尽快防控该疫情，目前有的城市便采用应急手段，进行“全行杀鸡宰鸭”或关闭活禽交易市场，此举措雷厉风行，其出发点甚好也能收到一定的效果，然而此法能杜绝来自东南亚的野鸟（候鸟）光临传播和各地来自野兽、飞鸟和家养禽类种群基因的重现吗？笔者认为防控疫情应有一种国家范例，建立和开展各种已定的制度，不能用权宜之计，正如中央农业部长韩长赋在电视讲话中提出“防控 H7N9 禽流感疫情，要特别注重保护鸡种、保护鸡鸭产业的生产力”，实质上也就是保护我国广大禽农群众的就业和产业问题。

美国疾病控制和预防中心主任弗里登教授密切关注着中国禽流感的疫情。他认为“采取大规模宰杀禽类或者关闭活禽市场并不是防控禽流感的有效手段”，同时美国马里兰大学医学院也发布一种能防控这类禽流感的强效药物。药名叫 Taran 抗流感引发败血症新药，但该药物在实验阶段尚未投产供应。

在 2011—2013 年年底，笔者研究筛选出一种新型含一氧化氮复合饲料添加剂，经三年多实际应用，累计肉鸡达 6 万余羽，其中 2015 年 5 月约 1 万羽，内服剂量按每千克体重0.004~0.008 g，用药后2~3 d原有拉稀（白痢病）和食欲不振的病鸡，几乎全部恢复正常且精神状态好。食欲增强以及羽毛紧实显出光泽。特别在苏北有的分散养鸡户还反应鸡健壮，产蛋率提高0.5%~1%。

（2）NBOA对防治猪流感有效

使用剂量按每千克体重0.04 g，据有关研究机构检测报告，用药16 h后猪体内感染的伤寒沙门菌和肠道病原体减少80%。72 h全部杀灭；养成猪体重可增加3%~31%，耗饲料率节省17%。

（3）远离鱼类出血性败血流感病

从20世纪90年代，在我国主要淡水鱼地区每年屡发生由嗜水气单胞菌、呼肠孤病毒感染草、鲢、鳙、鲤、鲫等出血性败血病，甚至波及鳜、鲈、鮰等特种养殖品种，且其病情来势猛、流行面广，加之并发细菌性烂鳃、赤皮及蠕虫、纤毛类原虫等疾病，死亡率一般在30%~40%，有的几乎全军覆没。各地常采用内服抗生素、磺胺类药物或结合外用季铵盐、漂白粉等消毒剂，虽然这些措施有一定成效，但也存在不少副作用，因而笔者通过调查研究，筛选出具有高效、速效以及无任何残留作用的一氧化氮前体复合饲料添加剂，内服和外用效果甚佳。例如2011年和2013年分别在江苏大丰、射阳、兴化以及湖北黄冈汉阳等地，前后应用此剂防治草鱼、鲫鱼出血病的水面达到3万亩，另外在广东中山县慈溪养鳗场、顺德杏花镇乌养殖场以及珠海、江门和高明鲟鱼养殖场等防治烂鳃、赤皮、烂尾等病害的水面超过5万亩，其有效的关键原因在于提高自身免疫力、增强体质以及结合超强氧化作用直接杀灭病菌病毒。

本剂是从天然植物中萃取一氧化氮NO前体的复合活性物质，既有高效、速效、灭菌、灭病毒及灭寄生虫的性能，又有提高免疫力，增强体质，促进生长发育，也解决了有些国外学员提出鱼、鸡、猪三者综合饲养有病菌互感染的疑虑，大量实践证明，通常使用本剂可提高动物成活率达58%~95%，增产3%~31%，节省饲料约17%左右（USA、Pro、Neverse，2012）。此外，据最近报道此类病毒除感染鸡鸭外，还可感染人、猪、马、水鸟、水貂、豚、鲸及水生哺乳类等动物，并已发现H5N1、H7N3、H7N7、H7N9、H9N2和H10N8等属同源性甲型流感病毒种株（WHO，2014年2月）。这些异变重组的病毒种株与鱼虾蟹类等的生活史有密切关联，如在鱼类食物链中吞食水禽的排泄物等，此类问题均须进一步深入调查研究。

（4）NBOA对肉猪饲养效果试验

1995年浙江大学詹勇教授应用纯植物提炼的NBOA于杭州联办猪场试验，试验选用杂种幼猪200头，随机分成5组，每组40头，对照组用喹乙醇与不加含药添加剂两组正式试验期 45 d。

第一组：基础饲料+200 mg/kgNBOA；

第二组：基础饲料+400 mg/kg；

第三组：基础饲料+500 mg/kg；

第四组：基础饲料+80 mg/kg NBOA+60 mg/kg 喹乙醇；

第五组：基础饲料。

试验结果表明，添加 NBOA 分组均表现有较好促长增重作用，全期平均日增重分别为 550 g、557 g 及 556 g，较对照组喹乙醇组 550 g 提高 1.27%、1.09%，较不加药对照组 534 g，分别提高 2.99%、4.3%、4.1%。试验证明添加 NBOA 具有明显的抗病促长作用（表 14-7）。

表 14-7　NBOA 对仔猪试验结果

组别	头数	始终（g）	末重（g）	净增重（g）	日增重（g）
1	40	12.28±1.41	31.64±4.71	19.36±4.51	431±60.7
2	40	12.47±1.44	32.81±3.9	19.34±4.03	435±63.0
3	40	12.40±1.16	32.64±5.54	20.24±4.93	447±77.8
4	40	12.55±1.16	31.58±5.12	19.03±5.14	435±90.9
5	40	12.36±1.36	30.41±4.32	18.06±3.74	418±75.6

（5）NBOA 对蛋鸭生产试验

据浙江杭州高等农专等三家单位协作应用 NBOA 对著名产品绍兴麻鸭试用剂量为 200 mg/kg 与 400 mg/kg，试用结果表明分别校对照组产蛋率提高 12.35%（$P<0.001$）和 12.51%（$P<0.01$），每只鸭蛋净重提高 4.7%和 5.3%；料蛋比降 5.42%和 8.67%，颇受当地群众好评。

据提供材料与方法表明，选用 240 d 全健康的绍兴麻鸭 432 羽，其中母鸭 402 羽、公鸭 30 羽，从而进行随机分成三组（表 14-8）：

第一组：基础饲料+200 mg/NBOA；

第一组：基础饲料+400 mg/NBOA；

第一组：对照组不加 NBOA。

三组试验环境条件相同，正式试验期 7 周。

表 14-8 NBOA 对绍兴麻鸭产蛋性能影响试验

组别	总产蛋数（只）	平均产蛋率（%）	单重（g/只）	料蛋比
1	5 212	79.38	66.9	3.49：1
2	5 219	79.49	67.3	3.37：1
3	4 639	70.64	63.9	3.69：1

（6）NBOA 对中大猪试验

NBOA 对 5 组中大猪试验比较结果分析见表 14-9。

表 14-9 NBOA 对中大猪试验

组别	头数	始重（kg）	末重（kg）	净增重（kg）	日增重（g）
1	40	31.64±4.71	78.34±9.11	46.74±6.54	632±87.3
2	40	31.81±3.39	79.13±7.02	47.95±5.09	631±75.9
3	40	32.64±5.45	79.51±9.74	46.88±6.34	625±84.6
4	40	31.58±5.12	78.00±8.05	46.43±4.99	619±66.5
5	40	30.41±4.21	75.70±8.07	45.29±5.91	604±78.7

（7）NBOA 对全期养猪试验

NBOA 对 5 组全期养猪试验比较结果分析见表 14-10。

表 14-10 NBOA 对全期养猪试验

组别	头数	始重（kg）	末重（kg）	净增重（kg）	日增重（g）
1	40	12.28±1.111	78.34±9.1	66.10±9.08	550±59.3
2	40	12.47±1.44	79.13±7.02	66.66±7.36	557±63.9
3	40	12.40±1.90	79.51±9.74	67.11±9.53	556±59.3
4	40	12.55±1.16	78.00±8.05	65.45±8.06	550±56.7
5	40	12.36±1.36	75.70±8.07	63.34±7.87	534±65.3

（8）NBOA 与 5 种抗生素对仔猪对比饲养试验

1997 年浙江临安畜牧兽医站等 4 家单位协作应用 NBOA 与 5 种抗生素对仔猪对比饲养试验：1 组饲料中基础饲料+NBOA 500 mg/kg，2 组或 50 mg/kg 喹乙醇，3 组或 50 mg/kg 杆菌肽锌与 50 mg/kg 喹乙醇，4 组或 500 mg/kg NBOA+50 mg/kg 喹乙醇+90 mg/kg 阿散酸+50 mg/kg 杆菌肽锌，5 组 50 mg/kg 土霉素，试验期共 97 d。

试验结果表明，NBOA 组较 5 种不去抗生素组成的成活率提高 1.28%，日增重提高 6.10%，饲肉比降低 4.50%。

（9）猪用 NBOA 最适宜量试验

据浙江宁波梅湖万猪场使用仔猪 45 头，随机分成 5 组，每组分别饲喂不同剂量的 NBOA：第一组 37.5 g/kg，第二组 50.0 g/kg，第三组 62.5 g/kg，第四组 75.0 g/kg，第 5 组 87.5 g/kg。分前后期饲养观察共 60 d 试验结束。

全期饲养中以第 2 组 50.0 g/kg 效果最优，分别较其他试验组日增重提高 4.8%~22.4%，料肉比较其他组下降 2.9%~12.2%（表 14-11）。

表 14-11　NBOA 全期最适量试验结果

组别	试 1 组	试 2 组	试 3 组	试 4 组	试 5 组
均始重（kg）	19.22±1.15	19.89±2.51	19.33±2.65	18.88±2.31	19.39±3.10
均末重（kg）	52.56±5.53	54.8±7.60	52.05±8.5	46.25±7.61	47.94±6.11
均日增重（g）	555.5	582.4	545.3	456.2	475.8
料肉比	2.8	2.67	2.75	2.75	4.89

（10）NBOA 对饲养动物肉质性能评价

1997 年浙江富阳预混饲料厂等两家单位协作选用肉鸡为代表对 NBOA 与抗生素应用后动物肉质优劣评价，这对进一步发展和开发 NBOA 前景具有十分重要的现实意义。

试验选用 AA 级 1 d 龄肉鸡分二组：一是添加 500 mg/kg NBOA 与另一添加抗生素组比较，共做 49 d 对比饲料试验，然后分别随机提取公、母鸡各 10 羽，做有关重金属含量、脂肪、蛋白质及血色素等成分检测评价。

肌肉及肝脏中重金属含量测定见表 14-12。肉鸡中胸肌总色素和 pH 值测是见表 4-13。胸肌中干物质、粗蛋白、肌肉脂肪含量测定见表 14-14。肉鸡肌肉氨基酸含量测定结果见表 14-15。

表 14-12　肌肉及肝脏重金属含量表　　单位：mg/kg

组别	数量（只）	镉 Cd		铅 Pb		汞 Hg		砷 As	
		肌肉	肝脏	肌肉	肝脏	肌肉	肝脏	肌肉	肝脏
NBOA 组	6	0.001 9±0.001 2^{X}	0.001 8±0.001 1^{X}	0.008 41±0.021 6	0.168 3±0.129 8	0.002 3±0.000 4	0.002 5±0.000 7	<0.5	<0.5
抗生素组	6	0.034 0±0.037 4	0.051 9±0.053 6	0.098 0±0.037 8	0.272 7±0.034 2	0.002 6±0.000 7	0.002 3±0.007	<0.5	<0.5

注：$x<0.05$。

表 14-13　肉鸡中胸肌总色素和 pH 值测定

组别	数量（只）	胸肌总色素 $x±s$	数量（只）	pH 值 $x±s$
NBOA 组	15	0. 206 9±0. 106 2	20	5. 792±0. 296
抗生素组	19	0. 192 5±0. 088 7	19	5. 942±0. 228

表 14-14　胸肌中干物质、粗蛋白、肌肉脂肪含量测定

组别	数量（只）	干物质 $x±s$	数量（只）	粗蛋白 $x±s$	粗脂肪 x±s
NBOA 组	20	30. 4±1. 171	8	83. 33±1. 20	5. 48±0. 39[X]
抗生素组	19	29. 88±0. 089 6	8	84. 29±1. 12	4. 56±0. 33

注：$P<0.01$。

表 14-15　肉鸡肌肉氨基酸含量测定结果

种名	服用 NBOA 组	服用抗生素组	增加率（%）
天门冬氨酸 Asp	8. 27±0. 115	8. 15±0. 181	0. 70
苏氨酸 Thr	3. 882±0. 120[X]	3. 582±0. 247	8. 38
谷氨酸 Glu	11. 720±0. 325	11. 635±0. 519	0. 73
甘氨酸 Gly	3. 989±0. 158	3. 893±0. 105	2. 44
丝氨酸 Ser	3. 428±0. 152	3. 353±0. 0526	2. 54
丙氨酸 Ala	5. 085±0. 179	5. 035±0. 129	0. 99
胱氨酸 Cys	微量	微量	
缬氨酸 Vac	4. 425±0. 202	4. 418±0. 225	0. 15
蛋氨酸 Met	2. 60±0. 101	2. 018±0. 349	7. 02
异亮氨酸 Lie	3. 803±0. 216	3. 822±0. 258	0. 48
亮氨酸 Leu	6. 205±0. 347	6. 197±0. 455	0. 13
酪氨酸 Try	2. 650±0. 201	2. 570±0. 245	3. 11
苯丙氨酸 Phe	2. 638±0. 268	2. 677±0. 312	1. 43
组氨酸 His	7. 878±0. 555	7. 917±0. 556	0. 49
赖氨酸 Cys	8. 410±0. 345	8. 468±0. 287	0. 69
精氨酸 Arg	6. 898±0. 245	6. 509±0. 582	5. 81
总量	81. 36±1. 28	80. 48±1. 42	1. 09

从上述数据表明 BNOA 组肝脏、肌肉镉含量较抗生素组低 94%~96%，铅

降低 38.28%；但胸肌总色素较对照高 7.48%；肌脂高 20.18%（$P<0.01$），氨基酸总量比抗生素组高 1.28%，其中苏氨酸、蛋氨酸和精氨酸分别提高 8.38%、7.02%和 5.88%。

（11）NBOA 提高养殖动物肉质作用，并提示全可替代“瘦肉精”

随着生物工程技术的发展，增强畜禽水产养殖动物体质，提高产品质量和产量，也是国家“十二五”规划中提出要实施的重要项目之一。现在看来，从绿色植物中提取纯天然产品 NBOA 系列免疫促长剂是能实现此规划项目的理想途径，生产实践表明，由猪、鸡、鱼、虾级中使用皆获得了丰硕的成果，特别在提高产品质量上各地群众反映甚佳，获较高的评价。

应用本剂的最大功效是提高养殖动物的体质，增强抗逆能力。如鳜、鲟、虹鳟、翘嘴鱼等属富氧鱼类，通常需 5~6 mg/L 以上溶氧方能维持正常发育生长需要，低于 3 mg/L 便出现浮头现象，而本剂 0.13%~0.15%拌饲喂养后，水中含氧 2 mg/L 条件下，未见缺氧浮头现象。养殖对虾使用本剂 0.4%，其食量增加 1/5~1/3，虾体透明有光泽，肝胰脏有明显白色区，异于对照池中患杆状病毒肝胰呈浑浊状虾体，试验组产量比对照组提高 1.5~1.8 倍。

天津、江苏、陕西、辽宁等许多畜禽场的实验表明，幼猪到肉猪的增重率比对照的平均高 7.8%，其添加量幼猪 0.04%、中猪 0.03%、大猪 0.02%；幼鸡至肉鸡增重率比比照组高 3.7%，添加量 0.1%；同时蛋鸡下蛋率高 0.5%~1%，而饲料系数也降低了。

饲养的猪体健壮有力，精神焕发，好运动奔跑，毛粗发黑有光泽，颇似黑熊，属于肌肉型猪，经用本剂饲养的肉猪特点是：含脂量低，非肥猪，肌肉充实丰满，色彩鲜艳有光泽。其原因为含高效的总皂忒、多糖体和黄酮类物质，据测定这些物质能分解脂质，溶化脂细胞中油粒，从脂肪肝反映可证实，用本剂减肥最高值可超 8.2%，故它呈现鲜红有光泽的肌肉层，这与非法采用化学药品“瘦肉精”有本质的区别。瘦肉精的化学名盐酸双氯醇胺，分子式 $CL_{12}H_{18}C_{12}N_2O$，商品名莱克多胺、克伦特罗、克喘素、氨心妥。它原由美国 Planipart 公司作为治疗支气管哮喘病药物，属肾脏腺素神经兴奋剂的激素，它既不是兽药也不是添加剂，但能起瘦肉的作用故被引入畜禽作瘦肉精，其毒性高，危害性大，成人仅服微量就产生心悸、四肢颤动、头昏乏力，若患高血压、冠心病者严重可致死。

本剂是纯天然野生 NBOA 活性物质，故其效应高于人工栽培的人参、西洋参、灵芝及冬虫夏草等植物，能明显降低或消除养殖动物体内重金属含量。据测定镉降低 95%，铅降低 15%~40%，砷、汞等微量污染也能消除。使肉类产生异味的苯酚及其苯并芘类污染物也能解毒消失。在天津市利用污水养殖1万多亩水面鱼虾类全无异味，获得证实。使用本剂使肉类肉质鲜味和营养价值明显提高。

由于本剂具广谱、高效、迅速、用量少、无任何副作用，可立竿见影，故宜于广大基层养殖动物中心推广使用。

15. NBOA 的联合应用

2种或2种以上药物对机体的交互作用在毒理学上称联合作用。此类联合作用大于各单一药物效力之和，称协同作用或增强作用、增效作用。

当今国际医学界屡将单一药物氧化工艺联合起来，以产生高效的活性化或综合性化学反应产生高浓度的OH自由基等，以提高药物作用能力。

多年来，作者从大量实践证明，NBOA活性剂经科学配伍联合，既可完善药物的广谱性，扩大使用范围，而且可减少用药量，节省成本和提高药效，从而有利于科学的控制水产禽畜病害朝着健康养殖发展。

在做法上将NBOA与另一类药物混合连用，或先内服NBOA后，外用配伍药，或先外用再内服等方法，视养殖靶标而异。现将NBOA组合连用简介如下：

15.1 NBOA 与蓼楝素联合应用

NBOA+蓼楝素组合比例1∶1混合后，再内服应用，经组合药物较单一药物增效60%~80%，且还起到灭虫效应。

复合蓼楝素饲料添加剂是从水蓼、印楝等天然植物中萃取的活性物质。该剂早在一千多年前人类就已发现它具有超效的灭菌、灭病毒及灭寄生虫性能。后经进一步深入研究提炼后，是目前世界上公认的广谱 、高效、低毒、无降解、无残留、无“三致”（致畸、致癌、致突变）的生物灭活剂。其无抗药性，在水产禽畜业上抗病促长均有上佳效果。据调查，它有防治400多种病原体，尤其对鱼、虾、蟹类引发的出血性败血病、大红鳃病及赤皮腐烂病等有特效，且对人畜及环境友好，无任何公害。

本剂开发在印度、缅甸、澳大利亚及英美等国家起步较早，如美国农业部研究机构于1985年就筛选出印楝和辣蓼素制成Argosan-O型乳油剂，至少有120种病菌病毒和害虫对此十分敏感。据报道，对孢子虫和蠕虫类也有高效作用。此后人们先后研制成悬浮剂，可湿性粉剂及水乳剂等剂型。由美国生物学家E. David Morgon等（2001）检测表明该0.3%乳油剂灭活效能较同浓度的阿维菌素乳剂高6倍以上。在我国此剂的开发较晚，且多数学者和部门均重视在农作物上研究应用，也有少数学者重视禽畜中应用，但笔者始于1998年，特别是2010年以来专注于渔业中实用于鱼、虾、蟹类的抗病促长作用，同时也取得了非常满意的效果。

（1）本剂毒理毒性及生物效应

本剂性能主要对辣蓼素、楝素及烟碱素三种起协调作用。其靶标是抑活、胃毒、扰乱病菌、病毒及寄生虫内RNA的活力，并凝集多种羟酯酸使产生麻痹致死，但不易产生抗药性。据美国毒理学家Pick对此剂扩散效应预测，表明该剂的内吸性穿透速率与用量成正比关系，提出的模式方程$C=Coe^{-kt}$表示，中C表示在t时间内病原体体表的浓度，Coe是处理中所用药剂浓度，k为穿透的速率常数。实用证明，在规定用量范围内能对害虫、二节虱及甲壳溞类等胞膜穿透无阻，并使致死与用量呈线性关系。

使用本剂对淡水的草、鲢、鲤、鲫、罗非鱼及海水的鲷、鲆等分别作急性、亚急性及慢性毒性实验。它的共同结果是，无影响均值（LNE）为215 mg/L。半致死浓度均值（LC_{50}）250 mg/L。按英国生物学会规定，Reinceye法求取安全浓度值≥180 mg/L，实践中证实是一种安全性极高的制品。

（2）使用本剂的合理方式

本剂的实际使用，通常有两种方式：一种是外用，在鱼池均匀泼洒此溶液；二是内服，用机拌饲或制颗粒饲料投喂两种方式的选择，经室内和野外应用比较表明，后者内服远优于前者泼洒方式。由于泼洒的用量大，泼入池中仅局限于病鱼烂鳃部分（大红鳃病）或受溃疡外肤部分触及药液。至于对内源性引发的病，如出血性败血病，神经性坏疽症病及血液病等望尘莫及，故用内服法疗效适宜，通常在内服后翌日即可见效。如在淮安渔场2015年6月大批的大草鱼患上大红鳃病，日死鱼超200余尾，用药翌日死亡大减，第3 d死亡终止。

（3）对鱼类的行为反应

据各地渔民反映，在添加本剂0.15%~0.25%的饲喂时草、鲢、鳙、鲤、鲫、鳊、罗非鱼等鱼类，都争先恐后的抢食，原投喂饲料要1 h左右食光，但用本剂饲料仅半小时就耗尽了，鱼吃食量增加15%~20%，饲养半个月池鱼鳞片紧密光亮，活动性增多，尤其对体弱多病的“老头鱼”效应更显著。据统计鱼年产量可增加3%~31%，培育鱼种可增产1~2倍。

为何鱼类喜欢含本剂饲料，对此江苏泰兴自恒生物技术部门于2012年专门做过实验观察草、鲫、鲢、罗非鱼等对此饲料偏食的记录：实验设备采用国家鉴定认可TL型鱼行为反应槽。实验结果表明：放入草、鲢、鲫等鱼种对含辣蓼素、楝素的饲料偏食率为95%~100%，其次骨糜、干乳40%~60%，再次麦片、麦粉为10%~20%，但对含中药大黄饲料拒食，甚至产生回避行为。可见对本剂食饲引诱力最大。同时解剖鱼口腔、两颚及侧线细胞切片看到，喜吃的鱼微感受器细胞呈卵圆形饱满，引诱力差的味觉细胞呈表皮皱叠或萎缩状态，可见有神经支配的感受器与饲料的理化性状有直接关系。

(4) 肝脏组织病理学检查

肝脏是鱼类体内代谢的中心，包括物质合成、排泄及解毒等功能。通常投喂饲料或含药食物，仅过数小时即可见其组织生化生理或病理学反应，也是国外生物学者常把其作为最基础的可靠的科学依据。

应用肝脏组织病理学常规检查。笔者在1998—2012年曾先后于北京、广州、长春、乌鲁木齐、无锡及英Loncaster和美Blueridge等渔场均解剖过虹鳟鱼、福寿鱼、罗非鱼、鲤、鲫等肝组织及切片观察，其中尤其在北京南苑与日本协作养殖虹鳟和美国Blueridge养罗非鱼被确诊患脂肪肝与坏疽症有争议，最后均以肝切片材料予以证实。

天津宝坻水产站曾应用本剂治理1 500多亩鳙、鲢、鲤等肝病，据切片材料看出，该鱼的肝胰腺和肝小叶呈微黄色或淡白色浮肿，肝细胞浸润；肝中央静脉溢血，且胆束及胆小管膨大，呈深暗色症状。经用本剂拌饲投喂，含剂量依每千克体重0.08 g计，连用6~7 d，肝表层浮肿消退，鱼死亡完全停止。

此外，在加强保肝护肝过程中，必须防止购入含有氯化钴、氯化镁或硫酸镁、硫酸锌、硫酸铜及磷酸钙等化工盐类的人工配合饲料。由于该饲料在鱼体内释出含负离子的硫酸根（SO_4^{-2}）、磷酸根（PO_4^{-3}）及氯（Cl^-）等离子性毒物，通常喂食两三个月后肝囊浮肿、肝功能失常。

(5) 生产实际应用

本剂还广泛用于海、淡水养殖中草、鲢、鳙、鲤、鲫、罗非鱼、黄鱼、鲷鱼，及虾、蟹等品种，现将防治鱼、虾、蟹情况简介如下：

①由细菌病毒引起鱼类出血性败血病

从20世纪90年代至今，在国内主要淡水养殖鱼地区历年暴发出血性败血病的鱼越发严重，加之赤皮病、烂鳃病、寄生虫病及水污染等并发，一般的鱼虾蟹死亡率达30%~40%，有的几乎全军覆灭，多地常用抗生素及常规消毒剂等对策，效果甚微。于是2015年初开始提供了一种新研制B型复合蓼楝素剂，并分别在江苏大丰、射阳、宜兴、淮安、吴江及浙江绍兴等大范围应用，效果显著。如2015年5—6月大丰、射阳及淮安就鱼出血病包括大红鳃病日死亡超过千余尾，用抗生素、“三黄”及常规消毒剂等药效果甚微，经改用本剂的用量，每千克体重0.08 g，翌日死亡大幅度降低，第3 d停止。

②抑灭寄生虫病

本剂灭虫机制主要是干扰虫体代谢，至萎缩、枯萎死亡，但用量要大于灭菌灭病毒5~6倍。例如于苏北、大丰养殖户水面2 500亩，以养殖银鲫为主混养鲢鳙鱼，主要患指环虫、车轮虫病，连日投放本剂饲料6 d，经抽样检查车轮虫灭除率100%、指环虫91%，灭虫效果显著。

在福建福鼎、霞浦、山都及广东汕头、浙江象山、温岭等地海水网箱养殖鲷鱼或黄鱼等，历年来夏秋季鱼死亡率很高，仅汕头地区一年损失达1.5亿元。经常用硫酸铜、甲醛等药防治无明鲜作用，但经用本剂内服3~5 d可治愈。

③防治虾蟹病害

本剂在广东、江苏、安徽等一些虾蟹养殖场，抗病促长取得了良好的特效。如江苏锡山、宜兴等历年来虾红腿病，使用本剂后基本控制了此病的发生。2013年上半年安徽巢湖西区控制虾蟹病的发生，在江苏兴化地区控制虾蟹裂壳病的发生，从而提高了成活率，提高单产量20%~30%。

④防治鱼虾病害

在2013年初江苏射阳、洋河镇等有1 000余亩，以养殖银鲫为主，特配草、鲤、鳙、虾、蟹等品种至7月水温上升35~40℃鱼虾暴发出血病，并发中华蚤、锚头虫、指环虫及孢子虫等寄生虫病，而死鱼800余尾。由当地盐城自恒生物服务公司指导下，用含本剂0.8%饲料，连日投喂，翌日死鱼减少，第3 d死鱼停止，第4 d检查鱼体的寄生虫全部消失。

（6）开发远景

本剂是防治水生动物细菌病毒及寄生虫病的特效药，其效远胜过抗生素“三黄”及常规消毒剂，并类似于当前美国从植物中提炼的Haloluginone Hydrobromiden活性药物。它具有广谱、高效、速效、无残留、无“三致”等优点，并为环境友好制剂。由于采用特殊的生产工艺其成本甚低（低于敌百虫价格），从而进一步扩大了使用范围，为淡海水养殖消除病害提供新的途径。

15.2 NBOA 与蒿楝素联合应用

NBOA 与蒿楝素两种药 1∶1 混合应用，可增强防控鱼类纤毛虫类病虫和蠕虫类寄生虫作用。

蒿楝素是由印楝、青蒿等植物中提取出来并经科学加工而制成一种杀虫剂。人们早在一千多年前就已发现这种植物具有药用价值。后经过进一步研究，从中提炼蒿楝素这种物质。目前它已被公认为广谱、高效、低毒、易降解、无残留、无“三致”（致畸、致癌、致突变）的杀虫剂，且无抗药性，并已广泛应用于农、林、牧、渔之上。对绝大多数害虫均有明显的驱杀作用。据统计它对 120 种害虫有防治作用。尤其对昆虫类鳞翅目、鞘翅目和蠕虫单殖类以及原虫类纤毛虫具有较高的灭活效应。而对人、畜、鱼及其生态环境无任何公害。因而它在印度、缅甸、澳大利亚及英国、美国等国开发较早。美国农业部实验室于 1985 年就筛选出印楝素复配青蒿素制成一种 Argosam-o 微乳油型的杀虫剂，约有 40 种害虫对之十分敏感。当今它已扩大制型如悬浮剂、颗粒剂、可溶性粉剂及缓释剂等远销世界各国。据 E. Davio 等美学者调查检测表明，该剂 0.3%浮油型的杀虫能力比相同质量分数的阿维菌素乳油的要高 6 倍以上，是当今国际药物界上所公认的首选无公害的生物杀虫剂。然而，在国内对它的研究开发起步较晚，且其在水产养殖业中用于杀虫抗病方面更未见有报道，对此我们是从 2002 年开始重于水产养殖抗虫应用及其提取加工、生产等开发研究，至今已获得初效，并于 2008 年分别在闽、粤、江、浙等一些淡水、海水鱼类养殖中灭虫成功，亦受到当地群众的很高评价。

（1）药物毒性毒理机制

蒿楝素的毒性毒理机制主要是由楝素、蒿素及烟碱素三种成分起协调作用，其作用靶标是能触杀、拒食、忌避及扰乱破坏虫体细胞中 RNA 及致体脑神经结合内分泌功能受损中枢神经失衡。前胸腺肿大以及致血淋巴和多种羟酯酸受抑制，麻痹致死的且本剂对多种害虫具有极高的生物活性，不易使害虫产生抗药性。

（2）生物毒性效应

生物毒性试验对淡水鲤、鲫、鳊、罗非鱼、鳗、海水的黄色种、鲷、鲆鱼种分别作急性、亚急性及慢性毒性试验，结果表明 8 种鱼的无影响均值（LNE）为 4.15 mg/L，开始致死均值（ILL）为 5.5 mg/L，半致死均值（Lc50）为 6.0 mg/L，另外用 Reinceye 方法求取鱼类安全浓度，即在 80～120 m^2，水深 1.5 m 池中，分别用 0.56 mg/L 和 1.26 mg/L 浓度养殖，观察 10 d、20 d、

30 d 后表明，这些浓度饲养鱼类的生长无不良影响，灭虫效应选用寄生有车轮虫和指环虫的鲫鱼为代表。制毒方法用内服与外用泼洒两种。但前者的杀虫效应远高于后者，由于前者药物通过循环系统均有分布鱼体各部；对用口器吮吸、吸取、吸附、刺戳及咀嚼方式来摄取鱼体内组织液为营养生存，繁衍的寄生虫几乎皆被消灭。从试验看出刺戳、咀嚼方式寄生的中华蚤、鱼虱、锚头蚤，用吮吸的指环虫、三代虫及吸附鳃瓣，体表的车轮虫、斜管虫、舌杯虫等亦难幸免死亡。在池塘中表明，对纤毛类、蠕虫类及甲壳类均有特效。

（3）生产实际应用

本剂在 2008 年分别于福建福泉、霞浦、丘都、宁德、广东省饶城、浙江省象山、温岭等海域中（网箱养殖大黄鱼、鱼鲷、金鲳、鲈鱼等鱼类），另外在江苏省大丰、无锡、常熟、宜兴、浙江省余杭及广东省顺德、佛山等淡水鱼类池养中使用，一般使用蒿楝素合剂做成颗粒饲料，含量 2%～4%。使用 3～7 d 内可痊愈。现将防治鱼病情况简介如下：

①刺激隐和虫病

又叫海水小瓜虫，因患病症状拟淡水小瓜虫而得名，它们同属纤毛类原虫，而淡水小瓜虫个体略大，呈苹果形，胞核马蹄形；海水小瓜虫略扁形，核粒状。但它均分布各海域，适宜盐度 22～26，pH 值 7.7～8.0，通常以秋冬季病害最盛，但近年来由于水域富营养化严重等原因发病期全年皆存在，病情往往短期爆发，如大黄鱼、东方豚、鲷、鲈鱼等多种鱼类受毁灭性打击，如 2007 年于粤闽交界海域一次性死亡鱼类达 2.5 亿元，损失惨重。以往治疗此病常用硫酸铜、醋酸铜、甲醛、盐酸喹宁等药物，但药物、药效减退，甚至无效。现用本品治疗效果良好，一般使用含 0.2%～0.3%本品的颗粒饲料喂 3～7 d 即痊愈。

②本尼登虫

此虫体大小 3.1～6.6 mm，虫体有两个前吸盘和后固着器紧吸鱼体表及鳃部，以摄食鱼体血液及组织液寄生。不仅破坏鱼体组织，而且还常引起病毒病菌的继发性感染，使鱼组织糜烂、溃烂，甚至暴发出血性败血病死亡。一般流行期为每年 6—11 月。2005—2006 年仅山东沿海暴发此病，死鱼损失达 10 亿余元。以往采用过氧焦磷酸钠、过氧化氢及吡喹酮等药物治疗。前者药效减低，后者要价昂贵，现改用蒿楝素合剂疗效甚好。

③指环虫病

指环虫病是淡水鱼类养殖中常见的体表单殖类寄生虫病之一。此病流行广，遍及全国各地，且其发病及危害性逐年加重。据报告：此类虫有 200 多种，常见的鳃片指环虫、鳙指环虫、坏鳃指环虫、小鞘指环虫及拟指环虫等。常用防治药物有敌百虫、敌敌畏、叮啶黄、甲苯咪唑等30余种，但效果均有不同程度下降，甚至无效。现用蒿楝素中药疗效颇好。它既可灭虫，又可维持良好的水质，特别在放养鱼类初期试用能有良好预防作用。一般一年的养殖中使用本品3~4次即可。

④车轮虫病

主要危害海、淡水鱼类的苗种阶段。它破坏鱼类的皮肤及鳃组织，使体表发黑，食欲不振，离群独游，瘦弱死亡。使用本剂，用0.4%含量1~2 d，用0.2%含量5~6 d全愈。

此外应用蒿楝素还可以防治中华蚤、鲺及锚头蚤等甲壳类寄生虫病。

(4) 开发远景

蒿楝素是一种优异活性类似于当前美国从植物中提取的Halofuginone Hydrobromiden活性物质。它具有广谱高效。速效、无异臭、无残留、无“三致”特点，并为环境友好的药物。由于采用了特殊的简化生产工艺和加入超效HLB-Ⅱ型增效稳定剂，从而取得价廉物美相当于常用药物敌百虫和硫酸铜的水准。笔者还计划进一步扩大应用范围，为淡海水养殖消除病虫害提供新途径。

15.3 NBOA与β褐壳素联合应用

NBOA与β褐壳素两种药物以1∶0.2比例混合应用，能增效60%~80%。

β褐壳素是一种从纯天然虾蟹外壳中萃取的新生物活性物质，它在水产动物和畜禽养殖中具有抗病促长作用，特别在虾蟹养殖中更为明显。

本文第一作者于20世纪90年代初开始研究和使用β褐壳素作饲料添加剂，并在淡海水养殖中使用。多年实验结果表明，添加β褐壳素能提高虾蟹鱼养殖成活率，在养虾业中尤为明显，虾成活率达90%，产量增加9%~31%，而且还显现虾蟹体表鲜艳，鲜味度高，消除异味，产品品质提高。

(1) β褐壳素的性状与功效

β褐壳素的性状呈淡紫色结晶，上市商品常为红褐色粉末。分子$C_{40}H_{52}O_4$，分子量596.82. 不溶于水而易溶于油脂中，具有强耐光性和耐热性。由于它易溶于油脂中，具有强耐光性和耐热性，因而易产生游离性，不稳定性，故需加入特定的稳定剂和增效剂，以维持产品高质量标准。它的作用机理主要属超氧化、高营养及强免疫作用。据测定结果表明，它的清除自由基能力是天然维生素V_E1 000倍、天然β胡萝卜素10倍、花青素17倍、黄体酮200

倍、V_c1 200 倍，故有抗氧化之冠称号。

因此它具有强诱导细胞分裂和调节“三高”（高血糖、高肝糖、高肌糖）作用，从而有利于加速养殖动物的健康发育和生长。

从β褐壳素的有机化学分子结构看出，它由较长的化学键双羟基β多酚组成抗氧化性能，既具超强消除体内有害自由基和抑制脂质过氧化效果，又有增强体内免疫应答提高体质作用。据测定，含量 0.006 mg/mL 时，能消除有害自由基达 96%~99%。

据诺贝尔医学奖获得者、美国科学家 Ignarro 博士研究结果证明，由 *L*-精氨酸和强抗氧化物，经体内 NOS 合成酶作用，能迅速合成极强灭菌、灭病毒及灭寄生虫的 NO 活性物质（Nobel Grize Ignarro，2006）。实践证明，采用超强抗氧化物的β褐壳素取代原用 V_c、V_E或花青素与 *L*-精氨酸合成的 NO 活性物，效力要增强 800~1 000 倍，并由学者 Jenoen 实验证实，能有效的抑灭虾症中副溶血性弧菌和白斑性综合性 WSSV 病毒。

（2）β褐壳素的生产实际应用

多年来，作者将β-褐壳素用于生产实际，取得良好效果。现选例简介如下：

①广东汕头地区

普遍应用于南美白对虾苗池中，其中一口 40 亩虾池于 2010 年 6 月 24 日放苗，规格 0.028 g/尾，用饲量 0.2%粉剂全池投喂。经 35 d 培育，80%虾重 5.2 g/尾，20%虾重 7.8 g/尾；成活率 91%，比对照池成活率 61%提高了 30%，且虾体健壮，未见任何病害。

②安徽巢湖地区

在沼泽浅水区放蟹苗 1 500 只/亩，日投本剂饲量 0.2%饲料。8 个月饲喂亩产 82.5 kg，比对照池增加 33 kg。

③福建农岩地区

2010 年在 300 亩水面中进行虾苗混养，投入含本剂 0.25%饲料。75 d 后平均每亩产虾 75 kg，最高达 150 kg。

④广东饶平

于 2010 年在菜篮子工程养猪实验中，试用 3 个月投饲按 0.5%计，比对照组平均增重 7.7 kg/头，最高达 15 kg/头。

⑤广东汕头滨海养鹅场

2010 年应用本剂拌饲喂养一个月，每只均增加 0.75 kg，最大增重 1.5 kg，产蛋率比对照组增加 0.5%~1%。

（3）β 褐壳素的几点建议

综上所述，β 褐壳素及其应用的前景是广阔的。现就水产和禽畜养殖方面如何加快采用和推广 β 褐壳素，提出以下的几点建议：

①进一步加强对禽畜渔用药物的研发、生产与管理

随着人口的继续增长和居民生活水平的不断提高，食用动物养殖的发展，不仅是人类粮食与食物安全保障的重要战略手段，而且对合理开发利用国土资源，增加动物蛋白质供给，改善人民膳食结构，提高民族健康水平有着重大意义。由于养殖病害药物数量的快速增长和和环境质量的恶化，各种病害的发生不可避免。从而对养殖病害药物的需求也在不断增长。以水产品生产为例，2000—2010 年，我国水产品产量，从 3 706. 23 万 t，上升 5 373. 00 万 t，10 年增加 1 666. 77 万 t，增长 44. 97%。而且，在水产品生产结构中，需要使用防治药物的养殖产量所占的比重，从十年前 60. 35%，到 2010 年已占到 71. 26%，增长了 10%。随着养殖集约化程度的提高，养殖密度的加大以及环境的继续恶化，造成水产养殖病害频发，所需药物的数量和品种都在不断增加。从而，对养殖对象病害防治药物的研发、生产和管理都需加大力度。

②进一步提高对开发生物技术药物的知识

随着化学新药创制难度增大，生物技术药物逐步成为创新药物的重要来源。从全球药业发展趋势来看，生物技术药物销售收入，已连续多年保持了 15%以上的增速，是全部药品销售收入增速的 2 倍以上。预计到 2020 年，生物技术药物占全部药品销售收入的比重将超过 1/3。

目前，生物医药已成为战略性新兴产业的发展重点。国务院《关于加快培育发展战略性新兴产业的决定》中，将培育发展战略性新兴产业作为当前推进产业结构升级和加快经济发展方式转变的重大举措，其中生物医药被医药列为国家重点发展领域之一。出台的《医药工业“十二五”发展规划》中，明确提出了“要大力发展生物医药”的战略目标，强调要紧跟世界生物技术发展前沿，突破生物技术药物产业化的技术瓶颈，提升生物医药产业水平，持续推动创新药物研发，开发自主知识产业产品，抢占世界生物技术药物制高点。

我国水产界在应用生物医药防治方面也做过探索，并取得实用成果。如应用新型免疫剂一氧化氮（NO），在鱼虾类养殖中抗病促长，其作用机制：一是提高自身免疫力，增强抗病力；二是增强新陈代谢，消除高血糖、高肝糖及高肌糖等病菌基质；三是新免疫剂具有灭菌、灭病毒及灭寄生虫的作用（Ignarro，1998）。研究发现，NO 既是生物的重要的免疫分子、效应分子和信使分子，又广泛分布于人体、畜、禽、鱼、虾、蟹、贝等生物机体中，参与

多种生理、生化、吸收、排泄等新陈代谢作用。

③进一步加强健康养殖基地建设，积极开发和推广生物技术药物

经调查研究可以看出，在我国若选定以长江、珠江两三角洲的渔业开发为中心，应用此生物技术养殖法建立成虾蟹养殖的无病区为典型，然而以此典型逐步扩大，遍及全国，对今后进一步持续健康发展我国水产养殖，具有重要的现实意义。

总之，党和国家高度重视科技创新。2015 年中央出台了以《关于加快推进农业科技创新持续增强农产品供给保障能力的若干意见》为题的 1 号文件，农业部把 2015 年定为“农业科技促进年”。我们要根据党和政府的有关方针政策，全面推进农业科技进步，积极研发和推广生物技术药物，开展健康养殖，提高产品质量，保障食品安全，增加农民收入。

15.4 NBOA 与印楝素联合应用

NBOA 与印楝素联合应用，防控鳗鳊鱼拟指环虫病有特效。

2010 年以来作者还通过福建农科院系统养鳗场分别在福建福州、永安、福清、安山、长乐及顺昌等地应用本剂以 0.2-0.3 mg/L 浓度全池泼洒效果明显。2014 年 6—8 月在福清安山有些养鳗池的日本鳗、美洲鳗寄生大量拟指环虫及爆发性众多幼虫，严重危及鳗食欲，甚至浮于水面疯狂奔游，经应用本剂 0.25 mg/L 全池泼洒，翌日安静开始吃食，第 4~5 d 后检查杀灭拟指环虫已达 80%左右，其中幼虫全歼，再补用全洒一次鳗寄生虫全被消灭。

本剂作用于靶标具有较强的生物选择性，尤其对单殖类指环虫，与寄生鳗拟指环虫；在低浓度条件下也能抑制虫体神经传导受阻及体内消化酶分析作用。使虫体麻痹昏迷致死，同时本剂还可排出有机磷等残留干扰而被丧失水介乙酰胆碱功能，从而为灭除鳗拟指环虫病增强效力。用组织病理切片鳗鱼的化学感受器味蕾和侧线系统，分别受本剂与硫酸铜对照组观察表明，应用本剂的鳗味蕾细胞和头部体表感受细胞及侧线，系统无任何提高吸收，而应用对照组硫酸铜的味蕾细胞及体表感觉细胞萎缩，并有大量空绝化，侧线系统受堵塞坏疽现象。同时观察鳗呼吸频率，每分钟平均值为 20~80 次与正常鳗呼吸率无差异，单用 $CuSO_4$ 0.1 mg/L 鳗鱼呼吸率上升 120 次/min，而且鳗明显的出现回避现象。

本剂组合应用对虾蟹及水生植物无任何影响，而且还具有高效、高速、环境相容性好、用药量少等特点，其拟指环虫成活率远低于甲苯咪唑和快螨特等药物，是当今杀灭鳗拟指环虫的一种新药。

15.5 NBOA与三唑酮复合剂联合应用

NBOA与三唑酮复合剂配合应用，先全池外洒三唑酮复合剂，再内服NBOA能有效灭除各种纤毛类原虫及幼虾荧光虫，效果甚佳。

近年来，在我国闽、粤、海南、江、浙、鲁等省市的一些对虾育苗场中，屡见一种奇怪的虾病，此病症状主要表现在幼虾体内会发生一种隐现的荧光。在印度尼西亚、马来西亚、菲律宾、泰国等东南亚国家渔民皆叫荧光病，在我国渔民叫荧光虫病。此病症状特别在夜间较为清晰可见。但荧光的亮度依病情程度而定，在病初期荧光不明晰，病中期至临濒死亡时则显弱光；至幼体崩溃死亡及其死后的荧光最强。此过程可持续到尸体完全分解消失。可见其荧光强度亦是判别虾病程度的标志之一，但当指明在发光初期的幼虾，食欲减退，甚至拒食，虾体活动降低，成批虾群下沉水底，至躯体发白全部死亡。

据研究结果表明，这些有发光的幼虾由于感染了一种荧光细菌所致，并用细菌学方法分离鉴定证明有哈维氏弧菌、斯白利特弧菌、荧光假单胞菌等。这些菌经24 h培养均能产生荧光素或黄绿发光素，而且该菌类喜栖含有机污染水体及生物饵料（轮虫、卤虫）中，从而进入幼虾消化道，破坏机体而致疾病。因此加强水环境保护，改善虾苗的生态环境是杜绝荧光菌感染一项关键措施。

（1）药物治理方法

原来用于治理本病的药物很多，主要有土霉素、吡哌酸、氟哌酸、甲氧卡嘧啶和磺胺甲基、异丁基哌嗪力复霉素、硫酸新霉素及杆菌肽素等。但由于长期来一直使用这些药物，形成菌体抗药性，致使药性减退，甚至无效，有些已被禁用。为此我们经过艰辛努力，筛选出分别为本品B型与C型两种药物，对治理有抗药性的荧光菌病有特效，并已在广东湛江、广西北海、海南海口及山东烟台等育苗场中使用，使用水面积累超过100万亩。并取得较理想的效果，受到当地渔民的较高评价。

具体使用方法：①本品B型属固体粉剂，使用量0.01~0.07 mg/L，将药溶解于水后，在养殖水体内全面均匀泼洒，一般每天用药1次，连用二三次即可；②本品C型属液剂，使用量0.1~0.3 mg/L，将药液溶解于水，全面均匀泼洒，一般每隔8 h用药一次，连用24 h即可痊愈。

（2）初步评价

这两种灭荧菌制剂均有极高的优异活性，其主要成分phytoalexins quassin

取自天然植物诱杀素物质，复配稳定剂和增效剂而成，并有光谱、高效、速效、无“三致”特点，为环境友好，并采用了微乳高渗透的纳米型技术，从而取得此优异的治理效果。

15.6 NBOA 与蛋壳醋液剂联合应用

NBOA 与蛋壳醋液组合联用是增强鱼虾蟹免疫力及抗病促长的重要措施之一。通过此组合可提高水产养殖产量 40%~60%，特别是虾蟹。

本组合的配方是 NBOA 废蛋壳醋液以 1：0.4 比例混合后拌饲投喂。其制作是将废蛋壳置于玻璃容器内，再泡入超 8%含量醋精液，以淹没全部蛋壳为度、在浸度 20℃左右经 24 h 蛋壳完全变介透明，而可使用。它既混合 NBOA 组合应用，也可单独全池泼洒使用。其抗病促长力，尤其幼鳗虾苗效果甚佳。

废蛋壳醋液剂含有极丰富的微量矿物质元素。据长江研究所分析表明，其中含有 30 余种活性的高营养矿物质，远胜过人工组合化工化学药品，详见表 15-1。

表 15-1 蛋壳中微量矿物质活性元素分析表

Ca++	Sr++	Ba++	SC	co	Cr	Fe	Ag	Hf	Mn	TH	cs
39.9%	28^{X} 10^{-4}	8.9^{X} 10^{-5}	1.2^{X} 10^{-9}	0.43^{X} 10^{-6}	0.1^{X} 10^{-7}	12^{X} 10^{-6}	14^{X} 10^{-9}	0.4^{X} 10^{-8}	3.1^{X} 10^{-4}	3^{X} 10^{-9}	0.9^{X} 10^{-9}
Rh	Se	Na	Cn	K	W	La	Gr	Zn	P	Sm	Eu
0.9^{X} 10^{-7}	1^{X} 10^{-8}	1.7^{X} 10^{-3}	1.3^{X} 10^{-7}	5.2^{X} 10^{-6}	0.3^{X} 10^{-7}	3^{X} 10^{-9}	1.12^{X} 10^{-5}	1.3^{X} 10^{-8}	1^{X} 10^{-3}	9.7^{X} 10^{-9}	2.2^{X} 10^{-9}

蛋壳中除含丰富的矿物质元素外，尚有 10 余种氨基酸及蛋白质核苷酸、多肽类及配糖体等营养物质。

本组合曾在福建马尾公司养殖对虾及江苏、吴江、浙江吴兴、嘉兴一带公司养青虾，但以辽宁旅顺、大连等饲养石斑鱼、鲽鱼等效果最佳。

15.7 NBOA 与柠檬酸钙或葡萄糖酸钙或乳酸钙组合联用

NBOA 分别与三种钙盐组合，在英、美、日等发达国家应用于饲养水产禽畜以及人体补钙产品已久负盛名。

15.8 NBOA 与绞股蓝组合联用

NBOA 与绞股蓝组合应用起到显著增效作用。配方是 90%NBOA+10%绞股蓝粉混合拌匀，以 0.2%剂量加入基础饲料中，其效果甚佳，从 2010 年以来应用推广此剂，每年产值达 3 亿元，是鱼虾蟹等水产养殖中抗病促长的特效药。

绞股蓝属于葫芦科植物，其株长达 4~5 m，分枝叶膜质互生、小叶分 5~7 cm，有小柄。雌性异株圆锥花序，雄性直径 3 mm 花萼分裂，呈三角形。雌花花序远较雄花序短小；雌花直径 4 mm，花期 7—8 月，果期 8—10 月，主产皖、浙、赣、闽、粤、黔等省。

绞股蓝主要成分含有绞股皂甙，经分离达 80 余种，其中有 4 种与人参皂甙结构性质一致，为四环三萜达鸨烷型，糖基 β-D-吡喃葡萄糖基，α-L-吡喃阿拉伯糖基。这些糖分子大多连在 C2、C20 上，另外还有黄酮、甾醇磷脂、丙二酸，Vc 微量矿物元素等。故早在 1000 年前我国《神农本草经》药典中就有记载。日本人常用此作为健身养生“甘茶蔓”饮用。

绞股蓝性微寒，味苦，微甘，能补气生津，清热解毒，止咳祛痰，有降血脂，抗疲劳，抗溃疡和增强机体免疫等功能。

在水产养殖业上应用，与 NBOA 组合或单项使用均有增强鱼体活力，使虾、蟹外壳发光、润亮，特别是幼虾幼蟹的效果为佳。

15.9 NBOA 与黄芪组合联用

NBOA 与黄芪配伍应用是高效的协调作用，配伍比例 NBOA90%+黄芪 10%，经混合后按 0.2%比例拌入基础饲料中使用。

黄芪又名黄耆、戴糁，学名 Radix Astragali 属于豆科植物膜荚黄芪和蒙古黄芪两类，它是多年生草本，株高 50~80 cm，主根深长，棒状呈棕黄色。茎直立，上部多枝，奇数羽状复叶互生，叶片呈椭圆或长卵形，总花序腹生，小花梗有黑色硬毛，花期 5~6 个月，其干燥根部为药用价值。

黄芪药用体现在根部含有生物激素之称的黄酮、皂甙、多糖类及氨基酸等成分。其应用药理机制主要是提高机体免疫功能增强体内淋巴系统吞噬细胞，清除自由基，抗脂质过氧化及纠正脂肪蛋白代谢紊乱效应。它与 NBOA 配合可增效 5~6 倍以上，是水产养殖最理想的增效剂之一，也是抗病菌抗病毒的有效措施之一。从大量生产实际应用表明，在 NBOA 中添加黄芪能促进机体对物质代谢作用，特别是能分解转化体内糖、脂积聚具有防控水生动物的高血糖、高肝糖及高肌糖功效，故常用于防控青草鱼的病毒性败血病。据美国 Kenichi 研究表明，含有高血糖、高血脂及高胆固醇疾病，2010 年曾在陕西西安水产站和江苏、江阴、靖江水产养殖分别把本复合剂用于饲养甲鱼，成活率均达100%，较对照池产量提高85%。同时在鲩鱼、鲢等家鱼养殖使用水面超8千余亩。持续应用3年增产3%~31%，节省饲料成本17%。

此外在浙江新安江水库用于养殖虹鳟鱼试验，由该水库总工程师魏均成科长反应表明，经应用本复合剂连续投喂2个月，不仅产量提高9%，鱼肉质量鲜嫩，鱼体表鳞片显现彩虹原色，与天然虹鳟体色相同了。

15.10 NBOA与刺五加组合联用

NBOA与刺五加植物组合联用是强化本剂药效的又一重要措施，配方是95%NBOA+5%刺五加植物粉，经混合后以0.3%比例掺混入基础饲料中应用。

刺五加又名刺木棒，学名Radix Acanthopancis Senticosi，属五加科植物，取其干燥茎根应用。

刺五加为落叶灌木，高1~4 m，多分支，二三年生枝条上密生细长倒刺，根茎结节状，有分枝，表皮灰褐色，有皱纹，弯曲有横皱纹，上端有不定芽发育的细根。掌状复叶互生，小叶呈卵圆形或长圆形，长5~13 cm，宽3~7 cm，具有锐尖锯齿，伞形花序，总花序梗长5~7 cm，花梗长1~2 cm，花紫黄色，花柱合生，核果浆果状，黑色，花期6—7月，果期8—10月。本植物主产东北，在河北、山西、河南、陕西北部及内蒙古等地也有分布。

刺五加的主要成分为酚苷类化合物，近年来又从根部分离出春花素为糖苷类三萜皂甙Ⅰ、Ⅱ以及还有多糖和微量元素。

刺五加药理主要具有高效免疫作用经内服后增强循环系统中淋巴系统的单核细胞。据实验表明，它能增加小鼠脾分泌免疫球蛋白M（IgM）和免疫球蛋白G（IgG），同时还能抑制机体内肝瘤作用。

从江苏省无锡五里湖渔场的应用表明，应用NBOA与刺五加复合剂能明显的提高鱼虾类的耐缺氧、耐低温及耐高温作用。通常水产养殖家鱼需氧量不能低于5 mg/L，水温不能低于零度，高温不能超过32℃。经服用本复合剂半个月后，池塘水体溶氧低至3 mg/L及低温-2℃，高温超过34℃，鱼池中草、鲢、鳙、鲤、鲫不浮头，即使高水温超过30℃以上草鱼吃饲仍很旺盛，食草量比对照池超过20%左右。

15.11 NBOA与固态络合铜联合应用

NBOA与固态络合铜组合联用比例，前者内服用0.15%拌饲，后者全池泼洒用0.7 mg/L浓度，两者配合联用可有效防控罗非鱼、鲫鱼及鲤鱼的大红腮病和赤皮病、白头白嘴病等，同时灭除家鱼寄生车轮虫、小瓜虫、口丝虫等纤毛累原生虫及杀灭兰绿藻等效果亦甚佳。

多年来国内应用均是液剂络合铜，存在药液易沉淀，性质不稳定，加之药含量偏低，运输也不甚方便，故现用固态粉剂达到效高，用量少，易运输，易保存目的。

因固态络合铜是采用铵盐晶体和铜盐结晶物而制成的，不会自行离介 Cu^{2+} 而呈铜基团游离子，故其毒性较 $CuSO_4$ 低，而且还可在全国绝大多数微酰性池塘中使用，特别在海水养殖中更为适宜。

固态络合铜使用特点：

①防控海淡水鱼类寄生原生动物，如小瓜虫、黏毛虫、鞭毛虫等。

②由杆菌引起的鱼类烂鳃病及烂肤病、水霉病等。

③鱼苗的白头白嘴病的防治也很好。

④杀灭水体中浮游动物，蓝、绿藻“水花”。

⑤防控水蛭病害。

⑥防控螺类侵害。

⑦防控虾、蟹纤毛类寄生。

⑧改善水质作用。

使用注意事项：

①水温 15℃以下，硬度低于 50 mg/L，pH 低于 7.2 应减量使用。

②选择天气晴朗，避免于傍晚或阴雨天使用。

③用药后加强池塘充气增氧，不应立即更换池水。

④鱼苗、幼虾须降低用量。

15.12 NBOA 与高级氧化技术联合应用

NBOA 与高级氧化技术联合应用，是当今几乎可解决所有生物难降解的病菌、病毒及藻类，有机物等生物残留的有害物质。

NBOA 与高级氧化技术（AOPS）联用，先解决处理生物有害因子，再内服 NBOA 迅速提高免疫力，增强体质，是实现健康养殖的一套完整的生物工程技术。

常用的高级氧化剂包括臭氧、二氧化氯、过氧化氮、高锰酸钾、高铁酸钾、紫外辐射、超声波工艺等能产生极强的氧化性羟基自由基-OH，但单独使用这些氧化工艺往往还不够理想，这就是将外因与内因有机地结合起来的原因，内因是主要的，外因是创造能解决问题的条件。这就是应用高级氧化技术的手段，创造有利条件。彻底的全面的提高生物机体内在的免疫力，提高体质，走向水产禽畜的健康养殖。

（1）NBOA+新型一元二氧化氯的联合应用

NBOA 与 ClO_2 联合应用，即内服 NBOA 与外用全池泼洒 ClO_2 联合应用，可以全面的较彻底的防控鲩鱼病毒性败血病，罗非鱼、鲫鱼的大红鳃病，以及鲤、鲫、草鱼的溃疡病等，这些病因均因内因感染病原体引发的溃疡症状，故两药联合应用能有效防控病害。

（2）新型 ClO_2 制备与评价

目前流行一元 ClO_2 多用隔离法，采用绝缘性 $CaCl_2$、Na_2SO_4、$MgSO_4$，$BaSO_4$，$H_2Mg(SiO_3)_4$，AL_2O_2，$2SiO_2 \cdot H_2O$ 等原料，分别与微膠化的亚氯酸钠和酸化剂混合密封，包装成产品。也有些单位就用绝缘性的 $CaCl_2$ 或 Na_2SO_4 等隔离亚氯酸钠与酸化剂简单方法。据美国 Vulcon Rio-limdu 等化学公司配方是亚氯酸钠 3 份，酸化剂 4 份，增效剂 2 份，稳定剂 1 份，其中亚铝酸钠是用硬脂酸蜡制成直径 1～12 um 微束粒使用，但这些 ClO_2 产品均有潜在性的安全隐患，一旦遇高温、潮湿，以运输途中碰撞颠簸等都易发热、冒烟等爆炸，特别有些企业追求利润不用来隔离，危险性更大。

2010 年法国 Kyo Chen 化学公司创新一种产品：是采用过硫酸钠粉亚氯酸钠粉配合生成：一元 ClO_2 片剂、颗粒剂、粉剂。此法无需绝缘体隔绝，可直接两者混合配制成，其化学反应方程如下：

$$2NaClO_2+NaS_2O_8 \rightarrow 2Cl_2\uparrow+2Na_2SO_4$$

据美国环保局（USEPA）提出，应用 $NaClO_2$ 溶液与 NaClO 复配便产生 ClO_2 的稳定性溶液非实用，这是在碱性条件下产生歧化反应，其用量比原国内产品 90 消毒剂、91 高效净液新消毒剂均要实用，表明用量少、高效、安全稳定。其化学反应方程式：

$$2NaClO_2+NaClO+H_2O \rightarrow 2ClO_2\uparrow+NaCl+2NaOH$$

因此制法采用次氯酸盐如次氯酸锂粉，配伍亚氯酸钠即可，碱性条件下安全稳定，既能灭菌、灭病毒、灭藻类、又具有灭孢子虫作用。

（3）与高锰酸钾联合应用

NBOA 与高锰酸钾联合应用。后者外用，前者内服使全面防控疾病感染危害。

①高锰酸钾的理化性质

高锰酸钾分子 $KMnO_4$ 俗称灰锰氧、PP 粉，是一种色彩光鲜的紫颜色固体，易溶于水。在水中呈紫红色，但对热的稳定性差，加热到 473 K 以上就能释放氧气。

$$2KMnO_4 \rightarrow K_2MnO_4 + MnO_4 + O_2\uparrow$$

$KMnO_4$在水溶液中不稳定，微酸性时发生明显分解 MnO_2，使溶液变浑浊，在中性碱性溶液中 $KMnO_4$分解速度较慢；对 $KMnO_4$具有催化分解作用；若加热 $KMnO_4$的分解溶液速度加快。

高锰酸钾中 Mn 为 7 价，是锰的高氧化态，属于一种氧化剂，但在酸性介质中 $KMnO_4$属强氧化剂，可氧化 Cl、I、Fe^{2+}、$SO_3{}^{2-}$等高离子物。

②高锰酸钾的应用

高锰酸钾在酸性条件下是一种氧化剂，可溶于水处理有机污染物 NO_2、H_2S 苯酚及有机苯和浮游生物及其无有机腐殖质等。同时，也是分解水中有机质及蓝绿藻等水处理剂。

在水产养殖中应用：采用 $KMnO_4$ 8~10 g/m^3 量进行全池泼洒鳗、鳊等特种水产养殖池塘；100~200 g/m^3 消毒养虾苗或熟虾越冬池塘或设施；能防控弧菌病。若虾池底质较差，出现还原性物质时可用 0.32 g/m^3 量溶于水体全池遍洒，能改善水质和底质；鱼体消毒 2~3 g/m^3 溶于水体可防控鲶鱼肠道败血病和栓形病。在鲶鲟鱼运输中可用 20~30 g/m^3 水浴浸泡 10~15 min，可防控鱼体受伤及水霉病感染。

（4）臭氧氧化技术

臭氧是氧的同素异形体，分子式 O_3，分子量 47.998，又叫富氧。

在常温常压条件下低浓度 O_3是无色气体，当浓度达到 15%时呈淡紫色略有鱼腥味，密度 2.1441g/m^3 约为氧的 1.6 倍，极易溶于水，约比纯氧高 10 倍，比空气高 25 倍。温度对 O_3溶解度影响较大，温度 10℃时 O_3 溶解度 1.13 g/L，20℃时 0.57 g/L，40℃时为 0.28 g/L。在常压下 O_3 会自行分解为氧气，并释放热量。$2O_3 \rightarrow 3O_2 + 4H$，4H = 284 kg/mol。

O_3 在水溶液中分解速度比在气相中要快，而且还强烈受 OH^-的影响，pH 值越大，O_3 分解越快，O_3在纯水中分解速度与其浓度有关。如含 0.4 mg/L 为 64 s，0.8 mg/L 时为 40 s，1.6 mg/L 时为 20 s。由于 O_3是一种强氧化剂。其氧化还原电位与 pH 值有关。在酸性溶液中 E° = 2.07 V，仅次于氟，在碱性溶液中 E° = 1.24V，略低于氯。据研究结果表明，在 pH 值 5.6~9.8，水温 0~39℃范围，O_3 的强氧能力不受影响，此时其分子中的氧原子具有强烈的亲电子或亲离子性，即其分解产生新生态氧原子（O）也具有极高的氧化活性，因而人们往往借助其高氧化活性，用于江、湖、水库、井渠及池塘等水域中鱼、虾、蟹的大范围消毒灭菌、灭病毒、灭寄生虫及灭藻类等。特别在室内高密度集约化养殖中起到了防控水污染、疾病及藻患作用。

①臭氧的应用清除有机无机污染物

分子臭氧的反应具有极强的选择，同不能和芳香族或脂肪族化合物或有些特殊的基团离子，并以键式脱氢反应，其方程：

$$O_3+2H^++2e=H_2O+O_2$$

其氧化电极电位 V 为 2.07，超过氧化氮 1.77，高锰酸钾 1.52，二氧化氯 1.50 及氮气 1.30，从而形成中间产物醛、酮及羟基化合物，以下结构表示：

$$R_2G=CR_2+O_3 \rightarrow R_2G=O$$

其中 G 代表 OH、OCH_3、$OCCCH_3$基。

臭氧清除污染方式是直接进攻和分解，两种皆通过羟基自由基反应完成，因而人们常利用此性质将水中污染物 Fe^{2+}、Mn^{2+}、Pb^{2+}、Ag^{2+}、CD^{2+}、Hg^{2+}、Mi^{2+}、NH^{4+}、硝基苯、苯胺、硫醇、硫醚及硫酚等有害物质清除。

②清除藻类作用

水源和池水中常繁殖大量蓝绿藻等低等藻类和浮游生物及其他有机腐殖质等导致有害的微生物生成，恶化水质，因此必须用 O_3 予以除去。实践表明，使用 0.1 mg/L O_3 不超过 1 min，即可灭除大肠杆菌达 99.99%；O_3 对消灭滤过性病毒非常有效浓度为 0.5～2 mg/L，同时还可杀灭水蚤、轮虫等浮游生物。

③防控鱼、虾蟹疾病

急性和慢性的传染病（IHND）是由一种弹状病毒感染所致，早在 19 世纪初于北美太平洋沿岸和日本大鳞鲑鱼、硬头鳟、红鲑等死亡率曾达 90%以上，是一种危害严重的传染性病害；20 世纪以来，通常采用 O_3 消毒治理并结合皮维碘，每百千克 2～5 g 连用 10～15 d 可愈。另对传染性腹水病和赤皮病泼洒 O_3 也有良好效果，此外虾、蟹感染纤毛类原虫病用 O_3 也有效果。

15.13 NBOA 与过氧化氢联合应用

NBOA 与过氧化氢联合，以前者内服与后者全池泼洒能有效防控鱼虾苗种病害作用。

过氧化氢又名双氧水，化学式为 H_2O_2，属强氧化剂，它能形成氧化能力很强的自由羟基及活性衍生物。在其分解过程中释放出异常活泼的新生态氧［O］↑，能使微生物的细胞膜和原生质破灭而达到灭活的目的，因而，人们借助此特性广泛用于医药、农牧渔业等环境中灭菌消毒。为当今国内外一致公认的一种优良增氧剂和消毒剂。

它是一种无色透明的液体，无臭而有刺激性；易溶于水，乙醇-醚等溶剂。在酸性条件下较稳定，有一定腐蚀性，在碱性或过氧化酶存在时则易分解成水和氧，为防止其分解可使用稳定剂，常用的稳定剂有焦磷酸钠、锡磷酸钠、六偏磷酸钠、8-羟基喹啉、苯甲酸等，其中磷酸盐添加量约为1%~2%。为便于包装、携带、运输，使用可将液态H_2O_2变为固态的过氧化氢，呈白色粉末状。直接将H_2O_2洒在无水碳酸钠固体上干燥而成，故又名固体过氧化氢。其携带使用不仅便利，还可制成悬挂剂、沉淀剂等种种形成，但其成本价格从液态变成固态要增加一倍多，这也是值得审酌问题之一。其制作加成反应方程：

$$3H_2O_2+2Na_2CO_3 \rightarrow 2Na_2CO_3H_2O_2$$

为提高双氧水杀菌效力和稳定效应，可以采用复配方法：①过氧化氢与醛类复配，它们的复酸可产生协同作用的醛过氧化物，能大大提高杀菌效果。②过氧化氢中加入0.5%~1%溴盐及氟盐及季铵盐类，但溴盐、氟盐在工业级杂质较多的H_2O_2中易产生气泡，导致包装变形，故宜在化学品中配加，并搅拌均匀泼洒。在池养或运输鱼虾过程中解决其“浮头”缺氧问题，也可直接投入双氧水或复配液而视“浮头”程度，据最近广东有渔民反映：5亩水面虾池仅使用2 kg复配液即可解决问题，此乃高效速效措施之一。

据美国、英国和加拿大有关报道，在应用双氧水做氧化剂时，加入适量的Fe^{2+}盐作为催化剂，特别在有阳光紫外线直射的条件下，能发生$H_2O_2+Fe^{2+}$的Fenton化学反应，产生极强的氧化作用，迅速产生自由羟基等衍生物。能将水体中难以分解的污染物有机氯、胶质等如DDT、DDE及聚氯联苯，能切断化学链，分解成无毒性的碳和水。

由美国Mantzavinos等学者分别用Fe^{++}、Cu^{++}、Zn^{++}、Co^{++}等作H_2O_2的催化剂也取得了上佳效果。在水处理中平均COD去除率达90%，脱色率达97%，其机理为OH自由基而达到氧化水中有机物目的。

它的一系列的反应如下：

$$Fe^{++}+H_2O_2 \xrightarrow{K_1} Fe^{+++}+OH+HO$$

$$Fe^{++}+HO \xrightarrow{K_2} Fe^{+++}+OH$$

$$HO+RH \xrightarrow{K_3} H_2O+R$$

$$R+Fe^{+++} \xrightarrow{K_4} R^{+}+Fe^{++}$$

注：在一定温度下K_1、K_2、K_3、K_4为反应常数，R表示烷烃。

此外，铁盐除在H_2O_2中催化分解产生自由基外，其本身也是优良的混凝剂；在水体中参与各种络合物，通过絮凝作用除去水中有机、无机的污染物而改良水质。

初评：过氧化氢为一种强氧化剂，放在水中可形成氧化能力很强的 OH 自由羟基，特别在铁等盐类作催化剂及光化条件下，能产生极强的氧化势能。它已被当今国际学术界公认为 fenton 氧化法，且已用于消除水中氨、亚硝酸根、甲酚、氯酚等，还能除去生物难降解的硝基苯、三氯甲烷、环乙烯及苯烃石油等污染物。

据研究表明，由此产生羟基·OH 自由基，具有极高的亲电性或负电性，其电子亲能和为 569.3 kJ，氧化电极电位高达 2.8 V，分别较溴氧（2.07V）、高锰酸根（1.52V）、二氧化氯（1.50V）及氯气（1.3V）等均要强，因而也成为国内外高级氧化水处理的新技术之一。

此外在水产养殖中应表明，H_2O_2合剂在防治病害方面，还具有药效快，药性温和，尤其对那些将死未死的病危鱼虾起到增氧缓解作用（用刺激性大氯、溴等消毒剂即加速死亡）；加之此剂无残留，无“三致”，成本低，使用方便等值得提倡应用。

15.14 NBOA 与过碳酸酰铵联合作用

NBOA 与过碳酸酰铵应用，先将过碳酸酰铵全池泼洒，后内服 NBOA 能有力防控鱼类出血病，对大红鳃病有特效。

过碳酸酰铵又名过氧化尿素，它属于氧化物性质，它形成氧化力甚强的自由羟基及活性氧衍生物，在其分解过程中释放出异常活泼的新生态氧［O］↑，不仅其性质温和，持续时间长，而且还具有很强的渗透力并可进入微生物的细胞膜和原生质内氧化消毒，是当今国际药物界首选的一种优良增氧剂和消毒剂。

它是一种白色结晶体内含缓释剂稳定剂，分子式 $CO(NH_2)_2H_2O_2$，分子量 94.06，易溶于水，其水溶液 5%时 pH 值 6~7，同时也能溶于甲醇、乙醇、丙酮等有机溶剂中，故可制成持久性稳定的放氧物质。由于它的性质无毒、无臭、无味特别是无致畸癌致突变的无“三致”效应，加之性质温和，持续而稳定，无刺激，故在国外养殖者用作鱼虾病毒病的救星。

为方便过碳酸酰铵复合剂的应用，其优越性现简介如下：

（1）含氧量高，放氧持续

本剂含氧活性量较高，可达 17%~20%，一般可持续 6~8 h，经特殊处理后，可达 18 h 之久，比常用的过碳酸钙、过碳酸钠、过硫酸铵等（含氧量 10%~14%，放养 0.5~2 h）要高得多。

（2）放养性质温和、稳定、可控制

本剂放氧方式缓慢温和、稳定及活性度较强，易为病危的水生动物所接受，据测定，其放氧气泡微粒直径小于 0.1 nm，一般肉眼常看不到，故它的渗透性强，能进入鱼虾等水生动物体表、口腔等上皮组织内，参与新陈代谢及气体交换，如需急救加少量催化剂即立刻大量释放可见氧从而挽回那些将死未死呈昏迷状的病危鱼虾蟹类，如果采用刺激性大的氯、溴、醛类等消毒剂则非死不可。

（3）在催化和光化条件下，本剂产生极强氧化协同作用

据报道，此种反应不仅能消除水体中 NO_2^-、NH_3 及 H_2S 等毒物，更重要的能降解苯胺类包括三苯胺甲烷（孔雀石绿）、硝基呋喃类（呋喃唑酮）、氟诺沙星（氟哌酸）以及有机氯二氯甲烷等物质。

（4）生产实际应用

在国外早在 20 世纪就开始应用过碳酸酰类作增氧消毒剂，但在国内起步较晚，现在举例如下：

1986 年和 1991 年在英、美分别在 Lacasd Area 及西弗吉尼亚地区养殖虹鳟和鲶鱼试验池病危中用氯溴等消毒剂刺激性大，造成了病危鱼虾受外因刺激死亡，而采用 CO-Perurea 剂消毒后，不仅鱼虾复苏病愈，从浮头水面呈昏迷状态逐渐进入恢复游入深水得救。

2004 年在中国无锡和吴江地区养鳜鱼中，8—9 月发生鳜鱼出血病成批死亡，经用氯、溴、碘及季铵类等消毒剂无效，且鳜鱼死亡有增加趋势，而想到国外过碳酸酰铵消毒剂有效，然后拌和泥沙泼洒约数百亩鱼池，用后翌日死亡减少，数日后死亡停止，真有奇效。这些表明本剂在水中放氧渗透入体表（包括鳃丝组织内）杀菌杀病毒消毒，作用温和，无任何刺激，从而解救鱼虾痛苦而杀灭病原体，避免或减少重大的经济损失。

从上述实践表明，过碳酸酰铵复合能与靶物接触后释放高活性过氧化自由基，进而破坏微生物膜的通过透性，使蛋白质变性，酶失活，DNA 和 RNA 结构断裂，同时生成尿素对水生物表面的角质层也有软化作用；从而增强药物对表面组织渗透，特别在加入催化和光化条件下起到灭病原体的极大协同作用。据研究表明，由此产生羟基自由基，具有极高的静电性或负电性，其电子亲和能力 569.3 kJ 氧化电极电位高达 2.8 V，分别较臭氧（2.07 V）、高锰酸根（1.52 V）、二氧化氯（1.5 V）及氯气（1.3 V）等均要高，因而也

成为国内外高级氧化水处理及饮用水处理的高新科技之一。

此外，本剂经过特殊化工处理后，不仅生产成本可以降低用量减少，而且质量还可提高，较一般过碳酸钙和过碳酸钠要廉价的多。

15.15 NBOA 与过硫酸氢钾复合盐联合应用

NBOA 与过硫酸氢钾复合盐配合内服外用防控病原体微生物和水处理藻类、悬浮物、COD、BOD 等污染物消毒、自净有良好作用。本复合联用是 NBOA 内服，配合人工复配 2 分子过硫酸氢钾与 1 分子硫酸氢钾、1 分子硫酸钾组成强氧化物，它能释放氧量超过双氧水（H_2O_2）、高锰酸钾（$KMnO_4$）及高铁酸钾（K_2FeO_4）1~8 倍，故有超氧化物之名。

过硫酸氢钾复合盐的分子式 $2KHSO_5 \cdot KHSO_4 \cdot K_2SO_4$，分子量 614.7，系白色状粉末，易溶于水，水温 20℃时溶解度大于 250 g/L。由于它放氧迅速既能温和性放养解决鱼、虾、蟹苗种等缺氧问题，又能通过强氧化力“烧死”细菌、霉菌、病毒、纤毛类原虫及蓝、绿藻等微生物，再加上内服 NBOA，大幅度提高机体免疫力。大量实践表明，应用本联合药物能防治鱼虾出血病、大红腮病及鳜、鲈、乌鳢及黄颡鱼的挪格史传染性病和假单胞菌等病害“一扫光”，全灭病原微生物。

2011—2014 年在浙江省吴兴、湖州和江苏省无锡一带养殖白对虾、罗氏沼虾曾屡患一种白绒毛状病虫，绝大部分集中丛生于虾体肢节之间，使虾肢体渐呈灰黑色，溃烂；虾类食欲大减甚至绝食，游动迟缓，连日出现死虾，有虾池死亡率达 50%以上，当地渔民和技术人员从未发现过此病。从显微镜检查来看，身体头部有两个能触动的纤毛盘，似车轮虫但不能游动，在虫的下部似指环虫但不能爬行，据查阅 Dombrowsk 和 Lewis 等（1961）资料表明，它属后生动物类，喜固着于虾蟹肢体或外壳生活，一旦池水肥沃，水温适宜便大量繁殖，并与水生丝状藻、原虫等共生，可致虾蟹类大批死亡，严重的几乎“全军覆灭”。当地渔民曾用有机磷、西维因、硫酸铜等药物治疗无效。对此应用本剂先外用泼洒，后内服 NBOA 联合应用。仅经 24 h 虾的死亡终止。两个月后扦捕虾、蟹产量有明显提高。

由于本剂有强氧化能力，其氧化还原电位高达 1.85V，超过过碳酸钠、高锰酸钾作用，故能消除水中悬浮物、色度、COD、BOD 及病原微生物。同时还能迅速降低水体中亚硝酸盐和硫化氢等有害物质的量。

2013—2014 年 4—8 月，曾在浙江吴兴和江苏吴江、湖州一带养殖加州鲈、乌鳢及黄颡鱼等肉食性鱼类，发生严重的体表不规则的出血性溃烂、肛门充血、鳃瓣溃烂（大量黏液胶着），食欲减退甚至绝食，发生病鱼死亡，严重的死亡率可达60%，但不能随意使用三氯、二氯、漂白粉及溴、碘等卤族和醛、酸酯类消毒剂，这类消毒剂愈用，死亡率愈高；季铵类消毒剂渗透力弱效果不佳，因而使用外洒与内服 NBOA 剂联合后，一周内可全愈，如早期采用本联合药剂，则可预防此疾病的发生。

由于硫酸氢钾复合 II 型具有强化活性氧和小分子自由基，能通过键式反应穿透过微生物膜，破坏微生物 DNA 和 RNA 合成和有机物构成，使之疏松、分解，因而人们常借助其特性，辅以有机表面活性剂和分散剂制成颗粒或片剂，作为良好的底质改良剂或底质消毒剂，早在 80 年代以来，在山东、江苏、浙江沿海养虾池和苏北地区大丰、射阳饲养鲤、鲫、罗非鱼等底质改良消毒之用，收到实效。

当今在我国渔业市场上又广泛应用 NBOA 与过硫酸氢钾复合盐联合使用，主要在防控病菌、病毒和藻类繁殖，以及水体自净解毒，改良池塘老化，以及环保水处理等方面使用。

15.16　NBOA 与高铁酸钾氧化技术联合应用

高铁酸盐早在 19 世纪中期已实现室内合成，其后不断新品上市，主要有 K_2FeO_4、Na_2FeO_4、Li_2FeO_4、$CsFeO_4$、Ag_2FeO_4、$SrFcO_4$、$MgFeO_4$、$BaFeO_4$、$ZnFeO_4$等 10 余种。现仅选用 K_2FeO_4和 $SrFeO_4$两种简介如下：

（1）高铁酸钾的理化性质

高铁酸钾是一种黑紫色有光泽的结晶粉末。在干燥条件下 K_2FeO_4稳定易保存，198℃以上开始分解。在水溶液中颇不稳定易分解 K_2FeO_4分子结构中，其铁原子四面有 4 个氧原子是等价 Fe 的铁氧化物属于 β 晶系，于水中逐渐释出氧气。这与水中 pH 值有直接关系。在 pH 值 7.5 以下时迅速分解被还原成三价铁化合物。但其氧化性仍存在；在 pH 值 10~11 经 8~10 h FeO_4^{2-}稳定性尚好。光对 K_2FeO_4溶液的稳定性无明显影响。

K_2FeO_4不溶于有机溶剂如苯、氯仿、醚等。但也不溶于含水量低于 20%乙醇溶液。当水量超过 20%时则可将乙醇氧化成醛和酮。K_2FeO_4于酸性或碱性条件下均有极强的氧化作用。

（2）高铁钾的应用

①K_2FeO_4具有良好的氧化除污能力。它的氧化性高于高锰酸钾，过氧化氢及氯气能力。故有超氧化性之称。能有效去除有机无机污染物，特别是对难降解有机物如苯酚、三硝基酚等，而且成本比 K_2FeO_4低，用量少，效速快

等优点。

②具有优异的混凝和助凝作用，由于它被还原的最终产物生成 Fe（III）是一种优良的无机絮凝剂，可除去水中极微细粒体，甚至可达到纳米级悬浮物质。

③具有优良的灭菌效应。它较常用的次氯酸盐、季铵盐强，而且消毒后无二次污染，无“三致”作用。

④具有高效脱味除臭功能，能有效清除生物污泥中硫化氢、甲硫醇、氨、NO_2^-等有害物及其解除异味异臭性能。故常被用于水产品中鱼、虾、蟹保存之用。

⑤具有良好防控鱼、虾、蟹的水霉病、皮肤溃烂病、烂鳃病、弧菌病及赤皮病等作用。

⑥具有良好的除藻作用，能有效防控湖泊、池塘中“水华”发生，据在哈尔滨、无锡市内一些人工湖泊、池塘中发生水华病，用此剂清除一次有效率可达 90%，若增加用量清除率可达 99.99%，几乎全灭蓝绿藻。

15.17 NBOA 与复合高铁酸锶联合应用

NBOA 与复合高铁酸锶配合应用，先内服 NBOA，后全池泼洒复合高铁酸锶，能防控爆发性出血性鱼病及改善水质 18 世纪中叶美国学者 Fremyd 实验室中首先合成高铁酸盐类，此后，Schreye 及 ThompSon 等以氧化法试制成功，再后，Robert 等在 1958—1971 年间用电离、高压等过氧化法制取。直至 1980 年以后，美、英、日等国从实验阶段进入工业化阶段，开始规模化产业性生产，应用上也从局限于工业、工程水处理范围扩大到饮用水和环境消毒、污水处理以及农牧、渔业方面的杀菌、消毒、除藻、防腐、保鲜、除臭等广泛应用，成为国际上公认的无公害、无残留、无三致，与环境友好的绿色产品。而我国对高铁酸盐的研制起步较晚，20 世纪 90 年代重庆化工研究院和嘉陵化工厂研究出高铁酸钾的一种生产工艺，但未有商品化产品面世。对其在水产业中的研究开发在国内更是未见报道。为此，笔者从 2001 年开始研究其人工合成及新工艺业流程，至 2002 年已初具产业规模，至今已达先进生产水准，同时在闽粤、海南、江浙等一些水产养殖场中试用，渔农反应良好。现有迅速扩大使用趋势，尤其在养虾方面的应用，受到好评。

为方便高铁酸锶复合剂的使用，对其简介如下：

（1）超强氧化作用

高铁酸盐的氧化还原电位无论在酸性、中性或碱性介质中都很高，在酸性条件下其标准电位（Eo = 2.20V）较高锰酸钾的电位（Eo = 1.69V）强76.8%，经配伍过氧化物及高分子助凝剂，更具超强的氧化性能。单就高铁酸锶而言，释放的初生氧量也远高于高铁酸钾及其他氧化物，其化学反应方程如下：

$$4SrFeO_4+10H_2O \rightarrow 4Fe(OH)_3+4Sr^{+2}+8(OH)^-+6[0]$$

其释放出来的初生氧迅速氧化“烧死”细菌、病毒、原虫及低等藻类等微生物，破坏其膜壁及原生质、核质等微生物体内活性基因，终止其繁殖及生存。经检测，在水中高铁酸锶释放的氧杀灭细菌、病毒的速度较氧快600余倍。如用氧0.1mg/L浓度杀灭大肠杆菌需4 h；而用本剂同浓度仅需5 s，用氯杀灭polio病毒浓度0.5~1.0 mg/L时，需1.5~3.0 h，而本剂用量不过0.045~0.45 mg/L，2 min即可。日本学者藤健司（1984）研究其对大肠杆菌及一般感染病菌的杀灭力所用的公式，可作为高铁酸锶用量计算参考。

$$[NO/CO]^{-n} \cdot N=K$$

其中：CO：高铁酸根浓度；NO：实验时细菌（个/mL）；N：杀菌30 min的生菌数（个/mL）；n、K是常数，对大肠杆菌n = 1.89，$K=4.00^{-10}$，对常用感染细菌n = 1.44，$K=68\times10^{-7}$。

由于高铁酸锶复合剂具超强氧化性能，在水中能迅速氧化，去除氨氮、亚硝酸、氰根、氢醌、苯胺、肟及有机质等物质。特别表现出迅速降低虾、蟹、鳖池中的氨氮、亚硝酸氮及腐殖质土等有害物质，从而改良水质和底质，有利于健康养殖。水中按氮、亚硝酸离子被氧化的化学反应式见下：

$$2SrFeO_4+2NH_3+2H_2O \rightarrow N_2+2Fe(OH)_3+2Sr+2(OH)_2^{-2}$$

$$2NH_4^++3O_2 \rightarrow 2NO_2^-+2H_2O+4H^+$$

$$2NO_2+O_2 \rightarrow 2NO_3$$

$$2NH_4^++4O_2 \rightarrow 2NO_3+2H_2O+4H^+$$

生产实践表明，一般应用本剂后半小时内，氨氮、亚硝酸盐迅速降低，水质澄清。

（2）超强自净作用

本剂溶于水的水解产物除释放氧外，还在不同pH值范围内形成高铁氢氧化物，它在水中呈“矾花”絮状体，且密度大，沉降速度快，发挥净化水质的功能。加之复配高分子凝聚物，更有超强的自净效能。

15.18 NBOA与复合高氯酸锶联合应用

NBOA与复合高氯酸锶以1：1比例混合后内服，内服量2%比例添加入基础饲料中投喂，对鱼虾蟹及禽畜灭病菌病毒有特效。

18 世纪中叶法国化学家 Berthallet 在实验室中首先合成高氯酸盐，此后英国 Sims、Weedhead 及比利时 Ostede 等用酸分解法试制成功，再后美国 Legendre 等从实验阶段进入工业化阶段的规模化产业生产；应用上也从局限于工业、工程水处理范围扩大到环境消毒、污水处理以及在渔禽畜牧业中的牛、羊、鸡、鱼、虾类等抗病促长作用，特别在饲养乳牛、养、鸡方面效果显著，可使饲养动物增重率达 31%，饲料消耗率节省 7%~18%并使产品质量明显提高，颇受各界欢迎。

复合高氯酸锶属于一种超氧化剂，经符合既可外用灭菌、灭病毒、灭寄生虫及灭藻作用，又可以内服、促进体内细胞中 RNA、DNA 的加速分裂，细胞增殖，加快新陈代谢，促进生长、特别在养殖乳牛、羊、鸡为甚。为方便本复合剂的应用简介如下：

(1) 超强氧化作用

高氯酸锶的氧化效应甚强，又叫超效氧化物。从它的分子结构及化学反应来看，一分子高氯酸锶的释放氧量，比过氧化氢、高锰酸钾、高铁酸钾等氧化剂提高 1~8 倍。见下列化学反应方程式：

$$H_2O_2 \rightarrow H_2O + (O)\uparrow$$

$$2KMnO_4 \rightarrow K_2MnO_4 + MnO + 2(O)\uparrow$$

$$2K_2FeO_4 + 5H_2O \rightarrow 2Fe(OH)_2 + KOH + 3(O)\uparrow$$

$$Sr(CLO_4)_2 \rightarrow SrCL_2 + 8(0)\uparrow$$

其释放的初生态氧，足以迅速氧化“烧死”细菌、霉菌、病毒、寄生虫及低等藻类等微生物，尤其以灭除纤毛类原虫为甚。

据监测，应用本剂灭菌，灭病毒的速度较季铵盐快，如用季铵盐浓度 0.5 mg/L，杀灭大肠杆菌 4 h，而本剂同浓度仅需 3 s，用季铵盐灭 polio 病毒浓度 0.5 mg/L，需 2~2.5 h，而本剂仅用 0.25~0.30 mg/L 仅 3 min 足矣。

由于本剂具超强氧化性能，在水体中能迅速氧化消除氨氮、亚硝酸离子、悬浮物及种种有机物质，从而改善池养水质和底质，有利于健康养殖。水中氨氮、亚硝酸离子被氧化的反应方程见下：

$$Sr(ClO_4)_2 \rightarrow 4(O_2)$$

$$2NH_4^+ + 3O_2 \rightarrow 2NO_2^- + 2H_2O + 4H\uparrow$$

$$2NO_2^- + O_2 \rightarrow 2NO_3^-$$

$$2NH_4^+ + 4O_3 \rightarrow 2NO_3^- + 2H_2O + H^+$$

生产实践证明，一般水温 18~25℃，应用本剂后 1 h 内，氨氮、亚硝酸盐迅速降低，水质澄清。

（2）神奇的抗病促长效应

据 B. Legendre 等学者报道高氯酸盐中高氯酸锶等是提高养殖动物免疫力，抗病促长的极其理想的饲料添加剂；多年来其在欧美等一些发达国家的畜牧业中较多选用开发，并获得国际饲料行业的认同及品评。

实践表明，采用此类新颖饲料添加剂，可使养殖动物体重增加迅速，体质明显提高。例如，在英 Lacanster 一带牧场，主要用于饲养奶牛、羊、鸡等方面，作为保质增产的一项重要措施；在美国弗吉尼亚州 Blue Ridge Area 一带，主要用于牛、羊、罗非鱼、鲶鱼等。常当做催肥、保健增产的强化措施；但在美国科罗拉多州罗莱研究中心，曾用于防治鲑鱼出现昏眩症状的一种旋转病，原计划治疗 3 个月，但仅使用 23 d 的检查结果表明，其效果令人满意，疗效率达 95%以上，鲑鱼旋转病症状消失。美著名鱼类病理学家 W. Beder 及该州 Bergll 教授也表示“真令人鼓舞”。另外，在北欧挪威养殖鲑鱼也曾借助此剂作为养殖强化的措施，使用量依鱼体重计，每千克体重添加 2~5 mg/kg 经饲养一年其最高增重达 31%，节省饲料 7%~18%。

（3）具杀虫功能

本剂具超强氧化力，可杀灭多种微生物，尤其对水生微生物型原虫类，如纤毛类车轮虫、微车轮虫、斜管虫、小瓜虫、隐核虫，具游泳刚毛的枝角类、桡足类以及环毛、腹毛类动物等，它们极易被氧化“烧掉”纤毛及微细行为器而致死。室内实验观察表明，纤毛类车轮虫、舌杯虫、草履虫以及纤毛环摄食的臂尾柱轮虫等，均于数秒内被氧化萎缩或枯萎“烧光”纤毛成为失去纤毛的“裸虫”既不能游动，又不能取食死亡。近年来先后在江苏省无锡、浙江省余杭等 7 个大池塘，应用本剂治疗家鱼出血病时，车轮虫及虾黑鳃病兼聚缩虫、累枝虫病，使用 0.15~0.8 mg/L 浓度全池泼洒，经 24 h 后检查鱼虾体表纤毛类原虫全部脱落无存。另外杀灭水珠、波豆虫及内变形虫时，应随水温度变化而控制用药量。

15.19 NBOA 与过硫酸氢钾联合调水控水中应用

NBOA 与过硫酸氢钾混合，以 0.1∶0.9 比例全池泼洒，能有效防控鱼、虾塘肥水问题。鱼、虾塘肥水问题实际反应塘水中物理、化学、生物等生态环境因子平衡状况。这与人工投放品种、密度、投饲、施药等措施有着极为密切的关系，这是发展健康养殖的关键问题之一。

根据养殖品种不同，其肥水程度有极大区别。如以食浮游生物的品种需育肥水浓的塘水，但以食活动物的品种（如鳜、乌鳢）则需瘦水，水清透明大。据有经验渔农表明，“养殖先养水”“养殖看水色”，科学的调控养殖水色是增加鱼虾产量，防止疾病及提高成活率的重要措施。

目前，依渔农经验表明，调控鱼、虾池水水色，要求适宜肥度，一般呈油绿色或棕褐色为宜。水色有光泽度，嫩而爽，手感无黏滞性，表明水体浮游生物生长旺盛阶段，不管塘水呈油绿色或油棕色皆如此。但是浮游生物随着水体营养成分，生物本身新陈代谢及鱼虾本身排泄物和施药等会从浮游生物的旺盛期过渡到老化期。使绿色变成深绿色——黑绿色——深黑色。最终水体变浓，发臭，以至出现鱼虾致死。不管绿色型、棕褐色型或是棕红色型，如不加科学的调控水质，最终皆成为死水，鱼虾致毙。

绿色型水是以蓝藻、绿藻为主体浮游生物种群；棕褐色型水以草质肥水结果，以蓝绿藻、金黄藻及矽藻等为主体种群。而棕红色型水则以裸甲藻为主体种群，以海水水体盐度高生物型，海洋中“赤潮”即反映受裸藻爆发所致，是十分有害的水色反映。

放养前或放养初期，一般透明度大于 30 cm 的水体，其施肥措施是：①磷肥（PO_4）以磷酸二氢钙，过磷酸盐与氮肥（NH_4）以氯化铵、硫酸铵、硝酸铵等，以 1∶1 比例每亩总量可达 600~1 000 g（视水色程度调整），并适当配有机肥使水肥持久，不至于 5~7 d 而变清淡。同时配放 1~2 g 对硝基苯酚钠以促进水质变化。②对深黑色、深褐色水色，可直接投入对硝基苯酚钠 2 g，暂不施无机肥，待水色趋清淡，透明度大于 20 cm 以上再施无机肥。③对红棕色水，建立适宜藻群，再施肥。

水色是依温度、施饲等转变的，因此要因地制宜地调控掌握，同时还要密切观察水体藻类种群趋向及水体营养盐类的变化，方可合理调控水质，符合于养殖的目的。

改善水质，防治病害的有效措施之一并施入过硫酸氢钾和配合过氧尿素是目前无机过氧化物中最上佳化合物。它具有含氧量高，释氧时间长（可持续半个月）。氧的活力强等优点，它既可增加水中氧气，杀灭细菌，又可带走水中 NO_2、NH_4 等有害气体，是值得推广的措施。另外使用凝集剂也是快速改善水质方法之一，主要是用聚合氯化铝（或聚合氯化铝铁）结合用高分子聚丙烯酰胺剂，可使水中大量悬浮物、有机质及浑浊物质等于 2~3 h 后沉淀调整水质。据测定，使用该净水剂还可带走 80%~90%细菌及病毒，若再用消毒剂则更能提高杀菌消毒的效力。

15.20 NBOA与复合高氯酸锰锌联合应用

NBOA与复合高氯酸锰锌组合内服能防控鱼虾类出血性败血病和大红腮病。

18世纪中叶法国化学家Berthallet在实验中首先合成高氯酸盐，此后英国Sims、Weedhead及比利时Ustede等用酸分解法试制成功。但当今此剂已于鸡、牛、羊、猪、鱼、虾类中应用，特别在饲养乳牛、羊、鸡方面效果显著。

(1) 本剂特性及其机制作用

本剂主要由高氯酸锰盐、高氯酸锌盐在人工催化条件下复合生物增效剂、稳定剂等配成。它具有超强潜在的氧化能力，其中含有16个新生态氧，较强氧化剂过氧化氢H_2O_2、高锰酸钾$KMnO_4$及高铁酸钾K_2FeO_4等拥氧量要高2~16倍，但在通常情况下，本剂是非常稳定的，其中含氯与氧之间具有极强的双键联系，故在氯的含氧系列中处于正7价的最高氧化值，较同系列的氯酸离子ClO_3^-、亚氯酸离子ClO_2^-、次氯酸离子ClO^-以及氯离子Cl^-的电极电位E值分别要递减，若不经特定方法，予处理甚难实用。本剂作用的机制主要是通过体表渗透或内服，进入动物体内，与体内消化液、生物酶类及血液等组织液融合，发生种种生化、歧化反应。释出锰锌离子（Mn^{2+}、Zn^{2+}）与高氯酸根离子（ClO_4^-），前者为激化细胞RNA的活性物质，提高机体的免疫能力，后者为产生氯酸酐，及衍生出新生态氧（0）其生成的氧化氯和新生态氧，既能高效杀灭病菌、病毒及寄生虫，又能加速细胞分裂，促进生长发育。

本联合剂的生物学又一特性是极易引鱼、虾、蟹类等水生物，特别以人工养殖的草、鲢、鳙、鲤、鲫等家鱼及虾、蟹等甲壳类动物为甚，此剂泼入食场0.05 mg/L浓度即被招引入鱼虾食场寻食，浓度越高，游入越快，局部浓度达到3~5 mg/L致水呈白色时，它们更喜游入栖息，这可能此类化物是含有鱼虾类的易感性物质。

(2) 远离鱼类的出血性败血病

从20世纪90年代以来，在我国主要淡水养鱼地区每年皆屡发草、鲢、鳙、鲤、鲫等家鱼的出血性败血病，甚至波及鳜、鲈、鮰等特种养殖品种，且其病情来势猛，流行面广，加之并发细菌性烂鳃、赤皮及蠕虫、纤毛类原虫等疾病，死亡率一般在30%~40%，有的几乎“全军覆灭”。各地对策常采用内服抗生素、磺胺类药物，或结合外用季铵盐、漂白粉等消毒剂。虽然这些措施有一定成效，但也存在不少副作用，因而笔者通过调查研究、筛选出具有高效、速效及无任何残苗等副作用的复合高氯酸锰锌饲料添加剂，通过内服和外用效果甚佳，特别是作预防使用，使其远离出血病，例如 2011 年和 2012 年分别在江苏大丰、射阳、兴化及湖北黄冈汉阳等地，前后应用此剂防治草鱼、鲫鱼出血病水面达 3 万余亩。另外在广东中山县慈溪养鳗场、顺德杏花镇乌鳢养殖场以及珠海、江门及高明鲟鱼养殖场等防治烂鳃、赤皮、烂尾等病害水面超过 5 万亩，其药效理想的关键原因在于提高自身免疫力，增强体质及结合超强氧化作用直接杀灭病菌病毒，虽然此药浓度尚不足直接击毙中华蚤、锚头虫及指环虫等寄生虫，但经 7～10 d 内服可致这些寄生虫萎缩，枯萎死亡。

(3) 防控禽流感病毒

近几年来在我国南方有的省份暴发 H7N9 禽流感病毒就是一典型的例证，它由 4 个不同来源的流感病毒重组复配而成，故其结合的序列（基因）不甚吻合且呈不稳定状态，处于变异性趋势，但此 H7N9 新型流感疫情仍属正黏病毒科中 A 型流感病毒范畴。它是依流感病毒的血凝素蛋白（HA）的不同划分 1～16 种亚型，与依病毒神经氨酸酶蛋白（NA）的不同划分 1～9 种亚型，两种不同的亚型可相互组合形成达 144 种相异的流感病毒，其中 H7N9 禽流感病毒是属急性传染型的禽类传染病。由于此病毒潜伏性短，发病快（几天至十几天）呈突发性暴发，体温上升，致禽死亡率高，有的达 90%，为尽快防控该疫情的蔓延扩大，目前在上海、南京等城市采用应急手段，进行“全城杀鸡宰鸭”或关闭活禽交易市场，看来此举措雷厉风行，其出发点很好，也能收到一定的效果，然而此法能否杜绝来自东亚的野鸟（候鸟）光临传播和来自各地野禽、飞鸟和家养禽类种群基因的重现。笔者认为防控疫情应有一种国家范例，建立和开放各种已定的制度，不能用“头痛医头”的权宜之计，正如中央农业部长韩长赋于 2013 年 4 月 19 日电视讲话中提出“防控 H7N9 禽流感疫情，要特别注重保护种鸡、保护鸡鸭产业的生产力”，实质上也就是要保护我国广大禽农群众的就业问题。自 2011—2013 年，笔者研究筛选出一种新饲料含有高氯酸锰锌联合剂，经 3 年多实际应用，仅肉鸡达 6 万余羽，其中约 1 万羽内服剂量按每千克体重 0.04～0.08 克，用药后 2～3 d 原有拉稀（白痢病）和食欲不振之鸡，几乎全部恢复正常而表现出精神状态好，食欲增加及其羽毛紧实显出光泽，特别在苏北地区有的分散养鸡户还反映鸡体健壮，产蛋率可提高 1%～0.5%。

此外本剂对防控猪流感也有效，使用剂量按每千克体重 0.05 g，据有关研究机构检测报告，用药后 16 h 于猪体内感染的伤寒沙门菌和肠道病原体减少 80%，72 h 全部被杀灭；之后养成猪的体重可增 3%～31%，耗饲率节省

17%~20%。

15.21 NBOA与发酵饲料联合应用

NBOA与发酵饲料以0.05：0.95比例混合应用，能激发饲料充分发酵及促进养殖动物生长作用。

通过大量调查及实践表明，采用NBOA与一种特定酶制剂发酵生产畜禽水产饲料联合可获良好结果。它既可增产提高品质，又可用农副下脚料及废弃物植物茎秆、残渣、枝叶、麸糠、豆棉粕渣及水花生等水生植物，该植物在干燥期间主要含纤维素、胶质素、角甾素等不能被鱼、虾等消化吸收，但经纤维素酶发酵水介可获100%葡萄糖。其机制是酶催化率甚高，较化学催化剂要高1 000万倍：用1 g α淀粉酶于65℃下仅15 min能将2 t淀粉转化为糊精；用一种蛋白酶能将坚硬如石的贝壳（淡、海贝）水介成矿物微量元素(离子)，供养殖动物，特别是鱼、虾蟹类吸收。从而化废为宝，实现综合利用生物资源，保护生态环境，通过物质的良性循环，达到健康养殖。

应用酶活性发酵生产畜禽水产饲料的途径甚多，也是目前高科技生物工程的项目之一。现经筛选一种生酵简法，仅用100 g生酵剂能生产出2~3 t发酵饲料，具体做法如下：

①取各种粗粮或植物渣20 kg，加入清水50 kg，及本生酵剂100 g。

②用塑料布覆盖密封，每日打开拌一次，经2~10 d发酵（温高时短，温低时长)，待产生甜香味后即可使用。

③制成40~50 kg储备营养液，又叫保健液，须密封保存，一年不会变质。

④发酵深化制作：取③2 kg营养液，均匀喷洒在100 kg饲料上，边洒边拌（或用搅拌机拌）使之均匀，在每100 kg饲料加清水30 kg，拌匀，使饲料可抓成团，又未见水流出，饲料落地即散开为度，继续密封3~5 d发酵，就可使用了，可见每100 g生酵剂可成40~50 kg营养液，能生产2~3 t发酵饲料了。

采用粕棉渣、芦茎叶、蔗渣、泥炭、水花生、蓝藻等剩余物或废弃物以廉价的碳水化合物为原料制成。广东汕头地区一水产药厂至今已用甘蔗渣发酵2 000 t，且经发酵后转化的蛋白质NX6.25量48%~65%，超过鱼粉的蛋白质的量。

开发本剂既能节省大量粮食和资金，又能提高饲料品质及预防疾病，这样的事业是有广阔的发展前景。

15.22 NBOA 与三氯或二氯联合应用

NBOA 与三氯或二氯配合，先内服 NBOA，后全池泼洒，可更佳的防控水产单胞菌和水霉菌疾病。

常用水产业消毒剂三氯异氰尿酸和二氯异氰尿酸钠，又名强氯精（TCCA）和优氯净（DCCNA），简名三氯、二氯，就是 80 年代一些山西渔药商热炒的鱼虾安品种。

三氯、二氯属氧化性氯杀生剂，特点具有甚强的氧化作用，杀菌灭藻能力很强，价格低廉，使用方便，也是当今最广泛的渔用消毒剂之一。

三氯、二氯的物性分子量分别为 232.44、219.95，水中溶解度 1.2%与 25%，有效含氯量为 91.54%与 64.5%。对家鱼的急性毒性 96HLC50>0.5 mg/L，草鲢鲫鱼对氯效应不产生回避行为，反之有喜好性，有喜好游入氯分布范围。甚至进入高浓度氯区尚未知悟。

它杀菌灭藻的机制是其溶于水，与水反应生成次氯酸（HClO）起作用，并与水中 pH 值有着密切的直接关联。当水体有微酸或中性趋向微碱性 pH 值 7.2~7.5 时，次氯酸就会迅速大量电离分解成氢离子 H^+ 和次氯酸根离子，其方程反应为：

$$HClO = H^+ + ClO^-$$

在微酸性水体中 HClO 的杀生力强，仅用 0.04 mg/L 浓度就能杀灭菌藻，此时 HClO 的分子量小，且为电中性分子能很快扩散到带负电的微生物表面及穿透胞壁进入胞质内，可氧化破坏微生物酶系与蛋白质结合形成氢氯化合物，致其变性失活死亡。但当水体转向微碱性 pH 值 7.2~7.5 分离成 ClO^{2-} 时杀生力即急剧下降，即使加药到 0.4 mg/L，也难达到杀灭菌藻的效果，所以随着水 pH 值升高，三氯、二氯的杀生力就会迅速降低、减效甚至无效。据国内外学者测定，ClO^{2-} 的杀生作用只有 HClO 的 1%~2%，两者相差近 100 倍。然而多年来市场上供应的渔用三氯、二氯消毒剂中均采用元明粉作填充剂。元明粉又名无水芒硝，是硫酸钠 Na_2SO_4 的商品名，它的分子量 142.04，密度 2.68，白色粉状易吸湿，呈微碱性，在工业生产上还有用元明粉替代纯碱使用，但现在渔业上采用在三氯、二氯中作填充剂，显然是升高其 pH 值，降低了杀生力，其实此乃农业系统来为陆地生动物猪羊等畜业设计的消毒剂。现搬用到水域水生动物鱼虾类中消毒就不适宜了，不仅降低杀生力，加大用药量，还增加了生产成本，真谓事倍功少，得不偿失。故改用滑石粉、陶土等作填充也比用元明粉要强多，最宜采用硫酸氢钠填充。

硫酸氢钠又名酸性硫酸氢钠，其分子式 $NaHSO_4$，分子量 138.07，密度 2.103，为无色单斜晶体白色粉末，水溶性酸性，常在医药工业用作消毒剂使用。故用它替代元明粉作填充剂，其消毒灭生效果成倍增强，可谓事半功倍。

另用三氯、二氯时尚需注意水中有机物、金属离子、氨氮及水温等变动因子。如遇水中氨时迅速生成 NH_2Cl、$NHCl_2$ 及 NCl_3 产物，从而降低消毒效果，故在用药时必须周密地研究对策。

16. NBOA 系列与常见药物组合应用

16.1 漂白粉

又名含氯石灰、次氯酸钙、氯化钙的复盐，通称漂粉。为灰白色粉末，有氯溴及盐味，微溶于水。漂白粉含有效氯 28%~30%。由于它加入水中后生成次氯酸和次氯酸离子，故有较强的杀菌能力，是鱼类防止细菌性疾病和虾类寄生聚缩虫、累枝虫病常用药物之一。

另外有一种叫漂白精的渔药，学名为高度纯次氯酸钙（$CaClO_2$），含有效氯 60%左右，其作用机理与漂白粉相同。

（1）鱼类对漂白粉的反应以及漂白粉的毒理

鱼类对漂白粉的反应与鱼类的品种、规格而异。褐鳟、红点鲑在幼苗阶段时，水中含有效氯 0.05~0.06 mg/L 经 48 h 死亡；而在鱼种阶段，致死量增至有效氯 0.09 mg/L。鲶鱼的耐受性略强，其开始致死量分别为有效率 0.17 mg/L 与 0.13 mg/L，半致死量分别为有效氯 0.21 mg/L 与 0.18 mg/L；狗鱼、丁鱼及鲤鱼的耐受性最强，含有效氯量达到 0.7 mg/L 时，经 30~82 h 致死。金鱼在每分钟 4 L 的流水速率中含有效氯 1~1.5 mg/L 8 h 死亡。人工饲养的草鱼、鲢鱼对有效氯的临界致死浓度在 0.56~0.70 mg/L。值得注意的是，鱼类对低浓度氯有暂时的回避反应，随着氯的深度增加，其回避行为反而减弱。例如，虹鳟在有效氯 0.001 mg/L 浓度时有回避反应；在有效氯 0.01 mg/L 时回避还较明显；但当浓度超过有效氯 0.1 mg/L 时则发生所谓偏氯现象，即对含氯浓度高的水域反而表示喜爱。这种情况在池塘养鱼中有时也可见到，当食台四周用漂白粉挂氯消毒时，起初鱼类对此有回避行为，尽可能躲挂袋的地方；如用大量漂白粉泼入食台的青饲料上，则可见鱼类在白色的漂白粉水中穿梭往来争食，不再回避，也达到了使鱼体浸浴消毒的目的。

在国外，有不少学者专门研究鱼类对氯的行为反应，如 Alabaster（1982）曾报道有些鱼类（鲑、鳟）在含氯 0.002~0.008 mg/L 时有回避反应；较高浓度时则有吸引作用。

鱼类为何产生对氯的趋避反应？一些研究者认为，鱼鳃的排泄氨及氨的衍生物的作用，这些氨类物质与水中一定浓度的游离氯相结合形成氯胺类物质。该物质可诱发鱼类趋氯行为。笔者对草、鲢鱼也做过行为反应测定，当水中含氯量在 0.15~0.20 mg/L 时就有明显的趋向行为；当含氯量增至 0.60 mg/L 时鱼类还敢闯入，以致鱼体受次氯酸等直接渗透刺激，造成鳃瓣、鳍条充血，黏液分泌增多，甚至肝脏遭受破坏，鳃丝、鳍条软组织坏死，出现灼伤症状死亡。近年来，国内网箱养鱼有使用漂白粉而毒死鱼的事故，这是因为网上体积小，鱼的密度高，如按常规量施放漂白粉，网箱表层水的药物浓度远远超过安全浓度，由此引起鱼类瞬间中毒死亡。

（2）饵料生物对漂白粉的毒性反应

水生生物对氯的反应依生物的种类而异。有些藻类（硅藻、金黄藻等）对氯很敏感，水中含有效氯 0.028~0.11 mg/L 时，光合作用及营养盐的吸收就会受到抑制；含氯量增加至 0.05~0.40 mg/L 时降低其生长率 56%~98%。因此，Morgan 等（1979）一些学者提出，为维护水域生态平衡，在淡水及河口水域中含氯量不得超过 1.5 mg/L。

在软水中，大型溞及剑水蚤对氯忍耐力也较弱，水中含氯 0.5 mg/L 时 3 d 内就可死亡。一种钩虾接触氯在 0.035 mg/L 时存活率明显降低，并丧失繁殖力；在 0.003 mg/L 时，其雌性繁殖率也降低。螺形龟甲轮虫的半致死浓度为 0.013 mg/L。一种摇蚊幼虫的耐受力略强，水中含氯 0.65 mg/L 24 h 内死亡率为 85.5%。龙虾接触致死量为 1.2 mg/L。栉水虱繁殖受影响的含氯浓度为 0.5 mg/L。水生高等植物如水盾草属、伊乐藻属对氯的抵抗力较强，水中含氯量增至 3 mg/L 时经 6 d 后，其茎叶开始变黄。此外，蛙卵、蝌蚪、螺蛳及水生昆虫等接触有效氯 6 mg/L 时均于 24 h 内死亡。

（3）鱼类的抗药性及环境因子对漂白粉毒性的影响

鱼类经常接触含氯的水体会产生一定的抵抗力。有一种鲦鱼在低浓度的氯水中连续试养 3 周后，对氯的抵抗力可增加 1.5 倍。另一方面，漂白粉在水中产生的次氯酸及次氯酸根离子是极不稳定的，常受环境因子的影响，主要有：

温度。随着温度的升高，漂白粉的氯化、氧化作用加强，药力增大。如一种鲫鱼，在水温 4.5~7.0℃时，含次氯酸 0.7 mg/L 时经 4 d 死亡；当水温上升 25℃，含次氯酸 0.64 mg/L 时只经 17~18 h 就致死。

pH 值。漂白粉对鱼类的毒性在微酸性水中较在微碱性水中要强。因其分解产物是次氯酸及次氯酸离子，使水呈弱酸性作用。

溶解氧。漂白粉的毒性在低溶解氧中比在高溶解氧中要强。如虹鳟在水中含次氯 0.06~0.09 mg/L，溶解氧量在 90%空气饱合值中存活 1 000 min；但在相同含氯量，而溶解量为 40%空气饱和值中仅存活 80 min。

盐度。水中次氯酸的毒性依盐度增加而降低。如大鳞大马哈鱼在含次氯酸 0.19~0.7 mg/L 时，加入海水后比未加海水的平均存活时间要长。

有机物。近年来，荷兰、美国等一些学者发现，水中次氯酸和次氯酸离子易与植物残留屑的分解物（如腐殖酸、黄腐酸、藻类氨基酸、色氨酸等）作用产生三卤甲烷（TCM）及卤代有机物（TCO）致癌物。

为此，许多国家对氯作为消毒剂的技术已作了重大改革，例如应用臭氧（O_3）、抗坏血酸和紫外线等无氯消毒，这些对于防治鱼病消毒也有较大的推进及改善。

（4）评价

漂白粉是常用的鱼病防治药物，因在生产上长期使用，鱼类及病菌产生了不同程度的抗药性，导致影响药效。由于漂白粉对鱼类的毒性比较大，全池泼洒 1 次用量（含有效氯 28%~30%）以 1 mg/L 为宜；若使用过量，1 次泼洒超过 2 mg/L 则对鱼类带来明显的损害。主要是破坏鱼鳃上皮组织，从而阻碍呼吸。鱼类中毒后，一量失去平衡即不可逆转，就是转移到清水中也不能恢复。氯在水中的毒性受水温、pH 值、有机物等多种因子的影响。因此，在实际使用还需考虑具体情况，因地制宜地掌握用药。并注意以下几点：

使用漂白粉等含氯药物防治鱼病时，施用量必须依据实际情况适当调整：对未施用过漂白粉的鱼池一次用量为 1 mg/L；经常施用的一次用量可增至 1.2~1.4 mg/L。在高温季节，一次的最高使用量不得超过 1.5 mg/L；但在网箱养鱼的特定情况下，应避免直接泼入大量的漂白粉水，即使施用常规用量，也不宜一次施入。因为网箱内的范围小，鱼群密集，其表层水中药物浓度常会超过鱼的安全浓度数倍至 10 余倍，易引起鱼的瞬间中毒，造成鱼鳃瓣和体表损伤（呈棕黄色的伤斑），以致死亡。所以，在网箱养鱼中施入漂白粉，应将药物分量分次施入。一般分 3~4 次，每次间隔 5~10 min 为宜。

使用漂白粉时，应使其溶解或过滤后施入。由于鱼类易将漂白粉颗粒当做诱饵吞食，特别是鲤、鲫、鳊等底层鱼类易引起急性中毒死亡，在死鱼的肠道内可见肠壁溃疡、绒毛膜糜烂。故在施药前，要把鱼先喂饱，防止鱼类吃食漂白粉颗粒。

使用漂白粉消毒时避免与石灰混用或连用，因次氯酸及其离子在强碱性水中比在中性或微酸性水中降低灭活力 10 余倍。

为维持池内饵料生物。施药每月不得超过 3 次；若鱼病严重时，可以连续使用 2~3 次，每次间隔 4~5 d。

将漂白粉挂袋消毒法改为在食场上泼洒漂白粉水的方法更有效。具体做法是：在食场上每次投入草料后立即泼入漂白粉水 1 次，其用量为每 100~150 g 漂白粉加入 15~25 g 水搅匀泼洒。

漂白粉受潮易分解失效，受日光作用也会迅速分解，放出氧，对金属盛器有腐蚀作用。故宜盛放在密闭的陶器内保存。施药前必须检查含氯量是否达 28%~30%。如果漂白粉结成块，表明已吸水受潮，则应增加用药量。

为了提高鱼病防治效果，减少抗药性及三卤甲烷等致癌物产生，应选择多种药物，或采取交替用药的方法。如用强力消毒剂或应氏消毒灵，以及灭菌 3 号等药物，均有良好的防治效果。

由于漂白粉具有腐蚀性，施药时要穿工作服，戴手套、防护眼镜等，注意人、畜安全。

16.2 敌百虫

敌百虫属于有机磷酯类化合物，高效、低毒及低残留的有效杀虫剂。1964—1966 年由我们首先在江苏东山、望亭等养鱼地区实验应用灭除中华鳋等鱼类寄生虫，取得成功，从而逐步替代了高效高残留的有机氯农药“六六六”。此后应用范围日益扩大，对鱼体外、内寄生的吸虫、线虫、棘头虫，以及危害鱼苗、鱼卵的枝角类、桡足类、蚌钩介幼虫和水蜈蚣等均有良好的疗效。但是，由于人们长期以来借助它对脊椎动物的低毒性、低残留的特征，增加了用药量和扩大了使用范围，有些甚至发展到滥用敌百虫的地步，只要鱼有病就泼洒敌百虫。从而忽视了它对鱼类神经性毒性及迟发性神经毒等效应。鱼类的敌百虫中毒表现体色加深，行动缓慢以至麻痹状态。有些地方就把它用作鱼类的麻醉剂（在注射免疫针之前先用敌百虫麻醉），严重破坏原来的神经系统，甚至发生鱼体畸形、肿瘤等不良的后果。

由于敌百虫在弱碱性条件下，可脱去一分子氯而形成毒性更大的甲氧基二氯乙烯物质（商品名叫敌敌畏）。据体外的试验结果表明，当 pH 值为 8~

10时，敌百虫转变成该物质仅需半小时。因此，不但要顾及鱼、虾、贝类的毒性效应，而且对人、畜的安全也不可忽视。

（1）鱼类对敌百虫药性的反应及其机理

鱼类对敌百虫的反应比较弱。如鲦鱼、鲶鱼对敌百虫96 h半致死浓度分别达180 mg/L与600 mg/L；金鱼、虹鳟及蓝鳃鱼的反应也较弱，其96 h半致死浓度分别达到45 mg/L、28 mg/L及56 mg/L。人工养殖草、鲢、鲤96 h敌百虫半致死浓度也达到80 mg/L、79 mg/L及146 mg/L。白鲢、鲤鱼对其衍生物敌敌畏，96 h半致死浓度分别为8.0 mg/L与21.66 mg/L。

在其行为反应上也较弱，例如，白鲢对敌百虫的回避极限浓度为22.2 mg/L，半回避深度为12.20 mg/L，回避的阈值浓度为2.4 mg/L。但是，鱼类长期的生活在含敌百虫的水中，会使鱼鳃呈深棕色，鱼体色素加深，行动迟缓，尤其以幼苗为甚，发生肌肉麻痹，鱼体弯曲，出现了迟发性的神经中毒的症状。

黄鳝、泥鳅类属于水中的底层鱼类，且喜穴居，而且在不良环境条件下，一般有较强的抵抗力。如对常用的渔药石灰、巴豆、茶粕等均有较强的忍受力，然而它们对敌百虫及敌敌畏的忍受力都比青、草、鲢、鳙等鱼类要弱。黄鳝、鳗尾鳅对敌百虫48 h半致死浓度仅为9~18 mg/L，较鲤鱼、鲢鱼的96 h半致死浓度低5~7倍。可见黄鳝、鳗尾鳅对有机磷农药敌百虫、敌敌畏具有很强的敏感性。

黄鳝、鳗尾鳅为什么能在低浓度的敌百虫水中出现死亡，我们通过反复调查研究与模拟实验发现，黄鳝、鳗尾鳅肠道内充满幼鱼等动物性食料残体，肠黏膜细胞受损，小肠的绒毛受到破坏，肛门严重瘀血（提起鳝鱼可流出瘀血）；检测血液内胆碱酯酶活性表明，比正常值下降约35.6%，系吞食了池内带毒者，出现了“2次中毒”死亡。

草鱼胚胎发育对敌百虫的反应，较成鱼为敏感。水中含敌百虫9 mg/L时，经4 h 25%胚胎进入尾芽期，经9 h 20%胚胎致死，经40 h胚胎出膜后，大多数为畸形鱼苗；在0.9 mg/L中，经4 h 60%胚胎进入尾芽期，经9 h 10%胚胎致死，经40 h有少数胚胎出现畸形；在0.8 mg/L中胚胎的孵化正常。

鱼类长期栖息在低浓度的敌百虫中，不但直接抑制体内胆碱酯酶的活性，而且还会损害肝、肾及体内的细胞的遗传物质。我们曾应用组织学检查表明，长期饲养浓度为0.9~1.5 mg/L敌百虫水中的草、鲤鱼，其肝脏中央细胞出现扩张，肝细胞物质疏松，细胞间隙增大，空泡化严重。美国学者Matton等曾用硬头鳟暴露于浓度为20 mg/L敌百虫水中，仅16 h，就发现肝脏的严重空泡化。德国学者 Gibel 等报道，在低剂量敌百虫中易引起动物的生殖囊肿及粒性白血病。又据联合国粮农组织及世界卫生组织在联合评论农药残留问题中提到，敌百虫在分解过程中有阳碳离子和游离基形成而具有致突变和致癌物能力，因而敌百虫在养鱼生产上使用的安全问题需进一步观察研究。此外，敌百虫还能使鱼体的周围神经系统麻痹，发生迟发性神经病变，症状主要表现鱼体肌肉抽搐、游动缓慢及失调。

（2）水生昆虫对敌百虫的反应

敌百虫对水生昆虫的毒性很大，在水中含 0.27 mg/L，可使松藻虫、水黾、水蜈蚣等水生昆虫致死。但对龙虱致死量较大，为 0.9~1.35 mg/L。水蜈蚣的中毒症状是两侧由灰褐色变成黄褐色；龙虱的中毒症状在颈部流出乳白色的流体。大型田鳖的致死量与龙虱近似。

敌百虫对大型溞的毒性比较大，水中含 0.02 mg/L 时便可全部致死，但此浓度对小型溞和轮虫无不良影响。

（3）评价

从 60 年代以来，我国在防治寄生虫性鱼病上已广泛推广敌百虫，并已取得良好的防治效果。但是，由于近 30 多年来一直沿用此药，养鱼生产上已普遍反映其药效减退，用药量增加，已明显的产生抗药性。据我们调查结果表明，在江、浙一带养鱼区，近年来均采用含 90%以上晶体敌百虫，比 60 年代用含 2.5%粉剂的实用有效量增加 20 多倍；在安徽省无为、巢县及云南省大理、楚雄等一些养鱼区的使用量更大，已超过 30 多倍。另外，在两广、两湖及北方一些地区均有增加药量的趋势。

敌百虫对鱼类的寄生虫的杀灭，主要是通过其呼吸、皮肤接触、吞食食物等进入循环系统与各个器官。其主要机制在于胆碱酯酶的活性受到抑制，使其丧失水解乙酰胆碱的能力，致使神经末梢部分释放出乙酰胆碱不能迅速被水解，产生蓄积，引起组织功能改变，出现神经中毒及迟发性的神经中毒症状。

草鱼鳃蛆，病主要是寄生了中华鳋，应用敌百虫防治效果甚佳。在水温 24℃时，施用 2.5%敌百虫粉剂 3 mg/L，至第 3 d 草鱼鳃上中华鳋开始脱落，第 4 d 全部脱落；用量为 10 mg/L 时，中华鳋至第 2 d 全部脱落。

中华鳋受敌百虫刺激后，开始时鳃蛆两卵囊在鱼鳃外摆动，通过鱼类呼吸、扇动水流而脱落。

使用敌百虫对饵料生物有一定的杀害作用。如施用浓度为 1 mg/L 2.5%敌百虫粉剂杀灭枝角类，经 2 h 死亡；浓度为 1.5 mg/L 经 1 h 30 min 死亡；

浓度为 2 mg/L 经 10 min 死亡，水中摇蚊幼虫经 24 h 死亡。

使用敌百虫防治鱼病害应注意以下几点：

①使用敌百虫防治鱼病，应根据实际情况施用不同浓度敌百虫杀灭害虫，针对不同的寄生虫和病原体，适当调整施药量。

②为维护池内饵料生物，施药每月不得超过 3 次，每次施药量，最高浓度不得超过 1 mg/L。

③使用敌百虫可以带水带鱼清塘，施用浓度为（在水温 24℃ 以上时），0. 9~1. 5 mg/L，可杀灭黄鳝和泥鳅，而不影响草、鲢、鳙、鲤等夏花（即鱼苗）吃饵与生存。

④使用敌百虫防治鱼体外寄生虫，应依池水 pH 值不同而异，以提高用药的杀虫效应。如在 pH 值 6. 5~7 时可略增加施药量；pH 值 8~9 时用药量可略减少。

17. 当今国内外研究 NO、CaM 及 NOS 进展及其开发前景

NO 作为一种新型生物信息分子、效应分子和免疫调节分子，广泛分布于生物机体的各组织器官中，参与机体种种重要的生理病理活动，可通过非特异性的杀伤细菌、真菌、病毒及寄生虫，提高免疫力增强体质，达到健康养生目的。

美国科学家 Ignarro 等（2000）研究认为，在循环系统血管内皮细胞产生 NO 的同时，在神经中枢大脑及脏腑系统的神经细胞也能生成 NO，从高等脊椎动物到非脊椎的虾、蟹、贝、螺等低等动物分布全身的循环系统、淋巴系统等均能生成 NO 活性物，从而调节机体的免疫系统，有助杀灭病菌，病毒及寄生虫，甚至抑灭有些癌细胞的增生。

17. 1 鱼类方面研究进展

国外学者 Jeraen. Grabowsk 及 Campos-Penez 等研究选用鲤、金鱼、虹鳟及石斑鱼等，分别进行诱导型基因克隆和序列分析，并观察到虹鳟被一种 Renibacterium Salmoninarum 病原菌侵入时，机体相应的出现 NO 活性并提高抗菌能力；同时在虹鳟体腔注入溶菌后检查其血清中 NO 指示物也相应的升高。在石斑鱼腹腔注入副溶血弧菌时，在血清中 NO、NOS 含量也显著升高。另在大菱鲆养殖中，拌入一种乳酸菌饲料喂养后，检查其血清中出现一种巨噬细胞诱导产生 NO 活性物质。同时还研究 NO 与鱼类感染一种

VIHSV 病毒性出血性败血病的相互关系，试验结果表明，采用 NO 的前体三硝甘油处理已感染的 VHSV 病毒升有明显的防控作用。另据 Laing Neumann 等研究采用一种 LPS 细菌多糖类药物，经试验表明能对虹鳟、金鱼和斑点叉尾鮰等均有显著的诱导巨噬细胞产生 NO，起到良好的防控作用。另对一种大菱鲆还加入细胞诱导剂 MAF-a 或 TNFa，与 LPS 联合后方能起有效作用。此外在鲶鱼试验中采用，氨酸替代精氨酸，或两者联用后，仍能产生 NO 活性效应。

17.2 虾类方面研究进展

专题研究探讨日本对虾和中国明虾血细胞中 NOS 合成酶的存在，他们采用了细胞形态法和 NBT 还原法鉴定虾体血细胞中 NOS 活性的踪迹。实验表明，中国明虾在感染一种白斑综合症病毒（WSSV）过程中，其血细胞内 NOS 活性降低，并依 WSSW 病毒的数量增殖，对虾体血细胞遭破坏，使初 INOS 显著降低以至死亡。同时测定 INOS 活性量，情况也可评定对虾的健康水准；此外也有学者采用已感染副溶血弧菌或投喂含有嗜酸小球菌饲料后，检查虾体血清中 NO、NOS 活性情况，来判别虾类体质水准。

17.3 软体动物方面研究情况

在软体动物中也存在 NOS 活性，采用多克隆抗体法和生化法来鉴定一种田螺血清中存在 NOS 活性，也有用鼠的 nNOS 抗体免疫组织化学方法研究乌贼的免疫交叉反应（Cosmo、Comte 等学者），另也有海带多糖、脂多糖、酵母细胞刺激贻血细胞，可升高过氧物和亚硝基/硝基水准，抑制 NADPH 氧化酶和 NOS 可降低亚硝基/硝基水准。脂多糖处理也可使田螺的血细胞 NOS 活性升高。2-氨基胍可使紫贻贝免疫细胞释放 NO。超氧阴离子可部分抑制 *L*-精氨酸向 *L*-瓜氨酸的转化，被刺激的吞噬细胞中 NO 形成依赖于细胞内硝基和亚硝基水准，以上这些研究说明，NO 信号通路参与软体动物血细胞的免疫防御反应。

Ottaviani 等 20 世纪 80 年代采用大肠杆菌感染紫贻贝和田螺时发现，大肠杆菌能诱导这两种动物血细胞 NOS 的表达，并产生大量的 NO，且产生的 NO 有利于细胞聚集在血细胞的周围，从而提高杀灭细菌的效率，这和 NO 供体硝普钠（SNP）产生的现象相似，诱导产生的 NO 使细菌聚集在血细胞周围，这种现象在加入 NOS 抑制剂（单甲基-*L*-精氨酸、硝基-*L*-精氨酸）后能被阻断。Franchini 等为探索 NO 途径和细胞吞噬作用之间的可能关系，采用 Adrenocorticotropic Hormone（ACTH）、SNP、L-NAME 单独或联合对田螺血细胞进行孵育。研究发现，加入 ACTH 或 SNP 后血细胞的吞噬作用得到明显的加强，而加入 L-NAME 后对细菌的聚集作用能产生明显的抑制，并且 NO 的杀菌作用和血细胞的吞噬作用是发生在不同时间段。因此，认为 NO 途径是另一种噬菌作用，和细胞的吞噬作用都是血细胞对外来异物的一种基础免疫应答反应。研究还发现，在软体动物具有吞噬活性的血细胞中具有哺乳动物细胞因数（IL-1α，IL-1β，IL-2，IL=6 和 TNF-α）的免疫反应存在，这些细胞因数可影响血细胞的移动、细菌吞噬、NOS 诱导合同生物胺的释放，从而参与软体动物免疫，神经内分泌应答的调节。

此外，NO 还参与软体动物对寄生虫性种类的防御。蜗牛在抵御寄生虫性种类孟氏血吸虫的侵入时，尽管不能完全抑制胞母细胞，但可部分将其杀死；血淋巴细胞负责清除血吸虫的胞母细胞，体外研究证实 NOS 抑制剂；L-NAME 可减少血淋巴细胞对胞母细胞的清除，而用过氧亚硝基（$ONOO^-$）清除剂尿酸处理，并没有影响对寄生虫的清除率。说明对寄生虫的杀灭主要是 NO 在起作用，而不是 $ONOO^-$。

环境因数也可诱发软体动物释放 NO 参与机体应激反应，如铅离子可导致紫贻贝免疫细胞释放 NO，而且不受吗啡抑制；因此，NO 测定也提供一种监测软体动物对环境因素改变诱发应激反应的高灵敏非侵入性的手段。

17.4 NO 在抗微生物感染过程中的作用机制

关于 NO 在抗微生物感染中确切机制，至今尚不十分清楚。多数学者认为，NO 能作用于微生物的关键代谢酶，从而抑制代谢酶的活性或使其失活而发挥抗微生物的作用。微生物体内有许多铁蛋白或以 Fe-S 为活性中心的酶（如顺乌头酸酶），NO 可与其形成铁-二亚硝醯-二硫醇复合物，而使酶的活性受到抑制，从而阻断细胞内 ATP 和 DNA 的合成，发挥抑制或杀灭微生物的作用。应用电子顺磁共振光谱检查到某些酶与 NO 作用后由铁-二亚硝醯-二硫醇复合物的形成，从而证实了这一机制的正确性。同时，血红蛋白也能和 NO 结合，使 NO 从生成位置运输到较远的距离，发挥更广泛的杀菌作用，并能启动细胞质中戊甘酸环化酶合成环磷酸鸟苷，而发挥生理作用。

NO 抗微生物的另一种可能机制是通过和氧自由基作用生成强氧化基，从而达到杀灭微生物的作用。有些细胞如单核细胞和活化的巨噬细胞既能产生 NO，也能产生一些氧自由基，如 O_2^-、H_2O_2、OH^-等，两者结合生成强氧化基。NO 与 H_2O_2 具有协同作用，能使细菌变链 DNA 断裂、Fe^{2+} 释放以及抗氧化剂谷胱甘肽的耗竭，从而导致细菌的死亡。NO 也能够和 O_2^- 作用生成过氧亚硝基（$ONOO^-$），它虽不是自由基，但具有强氧化和硝基化作用，且能够通过细胞膜扩散，故细胞毒效应广泛。研究表明，过氧亚硝基能够氧化酶蛋白，使之硝基化并灭活酶活性，导致细胞的代谢功能紊乱。$ONOO^-$ 也能够通过活化巨噬细胞杀灭酵母活细胞。$ONOO^-$ 在碱性条件下极其稳定，能够扩散到离生成位置较远的地方，一旦遇到酸性条件，会分解为 OH^- 和 NO_2^+，OH^- 自由基具有更强的氧化性，能够破坏含硫酸基蛋白，使脂质过氧化，并能与核酸作用使 DNA 链断裂。$ONOO^-$ 与蛋白质上的络氨酸残基结合，可生成稳定的代谢物硝基络氨酸，是目前公认的 $ONOO^-$ 在体内生成的标志物，从而证实了这一机制的正确性。此外，NO 能使蛋白质中的络氢酸残基硝基化生成硝基络氨酸，从而达到杀灭微生物的作用。$ONOO^-$ 通过和细菌体内超氧化物歧化酶活性的对抗，可能是宿主杀灭沙门氏菌的主要成分。

NO/NOS 在人类医学研究中已经取得重要成果，但对于 NO/NOS 在水生动物方面的研究还仅是初步的，目前在水产动物方面，主要进行 NOS 基因克隆，NOS 的活性的鉴定，以及病原感染后血清或组织液中 NO/NOS 的变化情况等，而且因各自的研究方法、条件、标准的不同，有的结论出入较大甚至相互矛盾。此外，NO 是一种作用广泛的内源性物质，可参与机体的许多生理病理过程，对机体既有保护性作用，又有损害性影响，在不同的病理生理阶段其作用不同，全身性作用和局限性作用亦可能不同，NO 的水准不同其作用亦有显著的差异；因此，运用 NO/NOS 解决水产养殖中的病害问题还需要加强研究。

17.5 NO 在禽畜方面的研究进展

浙江省杭州市放射中心曾应用 NO 复合剂对禽类内分泌作用研究取得的进展。从他们的研究结果来看。应用 NO 复合剂 500 mg/kg 能提高 56 d 全肉鸡血液中睾酮含量，并刺激促肾上腺皮质激素的分泌作用。

材料与方法：全用 AVaim 苗鸡 165 羽分三组：

试验组 55 羽，基础饲料+500 mg/kgNBOA+IBDV 鸡毒；

免疫组 55 羽，基础饲料+IBDV 免疫+IBDV 鸡毒；

对照组 55 羽，基础饲料+IBDV 鸡毒。

试验结果表明，使用27 d试验组，较对照组的睾酮含量高16.76%，56 d龄的要高25.61%（$P<0.05$）。

对肉鸡促肾上腺皮质激素的影响试验表明，27 d龄的试验组较对照组和免疫组分别提高122.79%与30.52%。

由长江所综合养殖组于江苏省亭东两地蹲点研究开发鱼、禽、畜综合养殖中应用NO复合剂作为一项抗病促长的重要措施。

据计算，两地持续应用水面8千余亩采用的鸡鸭约6万羽，用养猪达1千余头。应用量：鱼类以0.15%~0.2% NO复合剂比例拌饲料或制颗粒饲料投喂，鸡鸭用量以0.2%比例拌饲喂养。猪用：大猪用0.02%、中猪0.03%~0.04%、小猪崽0.05%。从五年来持续实践结果表明，应用本剂防控鱼、鸡、猪的瘟病效果甚佳，完全可以取代使用抗生素。